우리가 몰랐던 우리 곁의 그 숲

정태겸 지음

목차

4. 경상도

5. 전라도

6.

제주도

1. 강원도

chapter 01

동강 상류
비밀의 숲

평창 백운산 칠족령 숲길

강원특별자치도 평창군 미탄면 마하리 산1

평창에서 정선으로 이어지는 지역은 과거 오지 중 오지였던 곳이다. 그곳의 사람들은 칠족령 숲길을 넘어 마을에서 마을로 다녀야 했다. 그 길이 이제는 호젓한 트레킹 코스가 되었다.

백운산 자락을 따라 걷는 길

평창의 미탄면을 지나 15분 정도. 국도 옆으로 난 길을 따라 더 들어갔다. 그 끝은 정선으로 이어진다. 정선과 평창을 가름하는 지점에 어름치마을이 있다. 처음에는 포장도로가 끝나서 어디로 가야 하나, 한참 망설였다. 지도 애플리케이션을 열고 하늘 위에서 보니 하천 왼편으로 난 좁은 길을 따라 도로가 쭉 이어져 있었다. 그 길을 따라가야 했다.

숨은 듯 이어지는 길은 기대하지 않았던 선물을 안긴다. 곁으로 동강의 지류가 모습을 드러냈다. 평창의 안쪽 깊이 숨어 있던 장관이다. 기어이 차를 멈추고 한참을 넋 놓고 바라볼 만큼 아름다웠다. 중앙선도 없는 그 길을 어느 정도 달리면 왼편으로 백룡동굴 표지판이 보인다. 미탄면에서 한 번은 들러볼 필요가 있는 대표적인 여행지다. 백룡동굴이 있는 곳에는 마을이 형성돼 있다. 문희마을이다. 모르는 사람이 봐도 이곳은 세상에 존재를 드러낸 지 오래되지 않은 그런 곳이다. 말 그대로 심심산골이다.

문희마을 뒤로는 거대한 병풍처럼 백운산이 든든히 지키고 앉았다. 여기서 가장 가까운 마을은 백운산 자락에서 이어지는 칠족령 너머 정선 덕천리의 제장마을이다. 이런 산골에서 행정구역 따위는 아무런 의미가 없다. 문서상으로만 유효할 뿐. 먹고살기 위해 혹은 필요한 것을 주고받기 위해 문희마을 사람들은 칠족령의 벼랑 곁으로 난 길을 따라 제장마을까지 넘어 다녔다. 다른 길이 없는 건 아니다. 동강을 건너 굽이굽이 흘러가는 천변을 멀리 휘돌아 따라가면 된다. 그러나 훨씬 긴 시간을 들여야 한다. 제일 빠른 길이 산

을 넘나드는 길이었다.

이 숲길은 마을 뒤로 바로 연결된다. 먼저 다녀간 이의 정보에는 어린아이도 넘어 다닐 만큼 수월한 편이라고 했다. 산길로 접어드는 순간부터 그렇게 이야기한 사람의 얼굴이 보고 싶어졌다. 길은 처음부터 가파르게 솟아올라 있었다. 이곳을 어린아이가 어떻게 올라가지나…? 물론 못 올라갈 정도는 아니다. 그러나 다소 버겁다. 한 발씩 내디딜 때마다 뻗어 내는 다리의 각도가 예사롭지 않다. 다시 말해 초반에는 체력 안배가 필요하다는 것. 결코 만만하게 볼 길은 아니다.

가파른 오르막이 길게 이어지진 않는다. 200~300미터쯤 올라가면 다소 완만하게 바뀐다. 길은 제장마을까지 이어지지만, 이 길에 오른 목적이 그 마을까지 가는 것은 아니다. 그러니까 중간지점까지 갔다가 다시 돌아올 계획이다. 목표 지점이 아주 훌륭하다는 말은 들었지만, 그곳에 무엇이 있는지, 어떤 모습인지는 모른다. 그곳에 이르기까지 길 대부분은 오르막이다. 천천히 체력을 안배하면서 걷는 게 필요하다.

감입곡류의 장관

온 산하가 푸른 빛에 잠긴 계절에 왔다면 좋았겠지만, 하필 가을에서 겨울로 넘어가는 시기였다. 짧은 2주 남짓한 시간 동안 단풍은 낙엽으로 바뀌었고, 금세 겨울 풍경이 되어 버렸다. 떨어진 지 얼마 되지 않은 낙엽이 발밑에 수북하다. 발을 디디면 푹푹 빠진다. 이런 시기에는 낙엽이 미끄럽기까지 하다. 최대한 조심해서 발을 옮길 필요가 있다. 자칫하면 길 아래, 가파르게 경사진 곳으로 떨어지기 십상이다.

정선 사람들은 평창과 정선 사이에 걸쳐 있는 백운산을 '배비랑산' 혹은 '배구랑산'이라고 불렀다고 한다. 정선으로 넘어가는

이 길을 칠족령이라고 부른 연유도 궁금했는데, 꽤 재미있는 일화가 붙어 있었다.

옛날에 제장마을에 한 선비가 살고 있었다. 하루는 선비가 기르던 개가 사라졌는데, 가구에 칠하려고 옻나무 진액을 담아두었던 항아리 뚜껑이 열려 있었다. 그 곁의 발자국을 보고 선비는 분명히 개가 그 독에 들어갔다 나왔으리라 생각했다. 개는 옻 진액이 묻은 채로 돌아다녔을 테니 주변을 둘러보면 분명 흔적이 남아 있을 터. 역시나 개의 발자국이 보였고, 그 발자국을 따라 산으로 올랐다. 옻칠을 한 개의 흔적은 백운산 능선을 타고 고개의 반대편까지 이어졌다. 그런데 길 따라 산을 오르던 중에 펼쳐진 풍경을 보고 감탄을 금치 못했다고 한다. 걷고 있는 이 길이 그때, 그 개가 옻 진액을 남기며 넘어갔던 길이다. '옻칠 묻은 개의 발자국을 따라가다 발견했다'라고 해서 옻 칠漆, 발 족足 자를 써서 칠족령이었던 것. 그리고 제장마을 방향으로 꽤 넘어왔다 싶은 그때, 선비가 보았을 그 풍광이 모습을 드러냈다.

오르막이 끝나고 급격히 떨어지는 내리막을 따라가면 전망대가 있다. 전망대에 서니 크게 U자형으로 굽이쳐 흐르는 감입곡류가 드러났다. 많은 이가 동강의 아름다움을 칭송한다. 그러나 이는 대부분 영월 쪽의 이야기다. 평창과 정선의 동강은 그보다 훨씬 위에 자리한 상류에 해당한다. 이 구간의 동강은 대중적으로 알려진 바가 그리 많지 않다. 땀 흘려 도착한 이 자리에서 보니 이곳이야말로 동강의 진면모를 보여주는 포인트가 아닌가 싶다.

전망대에 오르면 동강에 기대어 살아가는 마을이 군데군데 보인다. 크게 굽이치는 강의 안쪽 품으로 언덕이 봉긋 솟아올랐고, 그 위에 일 년 내내 경작해서 먹을 것을 얻었을 밭이 보인다. 평화롭기 그지없는 그림 같은 모습. 산 그림자마저 없어 따스한 햇살이 온종일 강의 안과 밖으로 떨어지는 지대다. 세상을 떠나 살고자 한다면 한번쯤 생각해봐도 좋을 만한 땅이 이곳에 있었다.

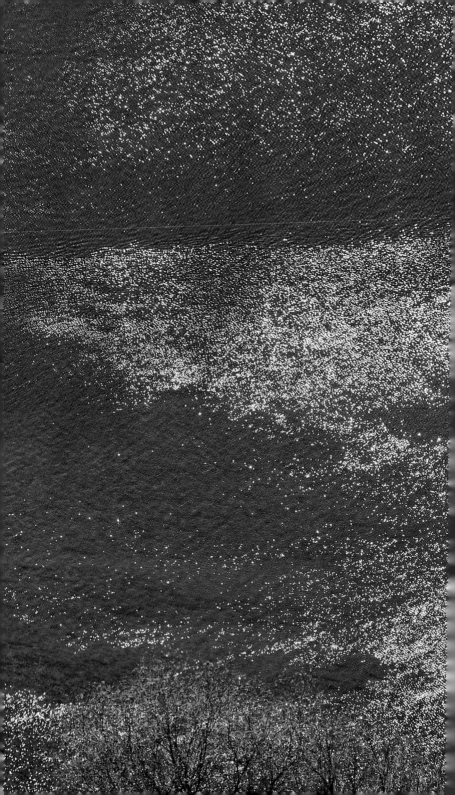

동강 일대는 온통 석회암 지대다. 이런 지형은 날이 차가워질수록 물색이 짙은 푸른색을 띤다. 다른 계절에 왔다면 숲길은 아름다웠겠지만 저 예쁜 물빛은 보지 못했을 것이다. 한참을 넋 놓고 바라보다 문득 그런 생각이 들었다. 여기까지 오는 숲길이 그렇게 힘들지만은 않았던 것 같다고. 분명 처음 길에 들었을 때는 헉헉대고 있었는데. 사람 마음이 이렇듯 간사하다. 아, 눈이 온 날에는 이곳을 찾지 않는 편이 현명할 것 같다.

숲 정보	평창 백운산 칠족령 숲길
주소	강원특별자치도 평창군 미탄면 마하리 산1
풍광	●●●●●
난이도	●●●●○
태그	#평창 #정선 #동강상류 #감입곡류 #트레킹

백룡동굴 생태체험학습장

1979년 2월 10일 천연기념물 제260호로 지정됐다. 길이 1.2km로 꽤 규모 있는 동굴이다. 안에는 종유관, 종유석, 석순, 석주, 유석, 동굴 진주 등 다양한 동굴 생성물이 분포해 있다. 이중 종유석과 석순, 에그프라이형 석순 등은 백룡동굴에서 특징적으로 나타나는 형태다. 이 안에 서식하고 있는 생물도 56종이나 된다. 거미, 곤충, 박쥐, 딱정벌레, 새우 등 조금만 주의를 기울이면 관찰할 수 있다.

주소 | 강원특별자치도 평창군 미탄면 문희길 63
전화 | 033-334-7200

어름치마을

천연기념물 259호 어름치가 서식하고 있어서 어름치마을이라는 이름이 붙었다. 그만큼 청정한 자연이 매력적인 곳이다. 마을에는 민박이며 카라반 캠핑 등을 할 수 있는 시설이 조성돼 있다. 보통은 여름에 이곳을 찾는 이가 많고, 가을로 접어들면 상대적으로 인파가 적은 편이다. 마을 앞쪽으로는 동강이 굽이쳐 흐른다. 여름에는 래프팅이나 카약을 즐기는 사람도 많다. 마을 초입의 동강민물고기생태관을 들러본다면 아이들이 평소 들어본 적 없는 귀한 동강의 생명을 만날 수 있다.

주소 | 강원특별자치도 평창군 미탄면 마하길 42-5
전화 | 033-332-1260

용천수산

미탄면 일대는 동강으로 흘러 들어가는 물이 매우 찬 편이다. 이는 송어 양식을 하기에 아주 좋은 조건이다. '용천수산'은 미탄면 현지인이 가장 많이 추천하는 송어횟집이다. 주문을 받으면 양식장에서 송어를 잡아 와서 바로 회를 치기 때문에 신선한 것은 물론이고, 육백마지기 방향에서 흘러 내려오는 계곡물이 매우 맑고 차가워서 이곳에서 키우는 송어는 이 일대에서 가장 질이 좋다는 게 그들의 설명이다. 포장만 가능하다는 점은 유의해야 한다. 사전 예약은 필수. 그렇지 않으면 한 시간 이상은 기다릴 각오를 해야 한다.

주소 | 강원특별자치도 평창군 미탄면 송어길 56
전화 | 033-332-4488

1, 2 어름치마을
3 용천수산

chapter 02

울창한
오대산의 얼굴

평창 오대산 월정사 전나무숲

강원특별자치도 평창군 진부면 오대산로 350-7

다녀온 사람도 다시 가볼 곳이다. 강원 평창의 월정사 전나무숲은 찬찬히 뜯어볼수록 특별한 곳이니까.

1,700그루가 뿜어내는 피톤치드

숲길을 찾아다니며 늘 하는 생각이지만, 우리는 숲에 참 무심하다. 이곳도 그렇다. 그토록 유명한 오대산의 대표적인 숲길. 하지만 명성은 높은데 다녀온 사람의 말을 듣자면 대체로 월정사로 향하는 길목쯤으로 여길 뿐이다. 이 숲을 눈여겨본 사람이 생각보다 많지 않다. 길가에 무엇이 있는지, 각각의 나무는 어떤 모습을 하고 있는지, 숲 안쪽으로는 무엇이 있는지 살피며 걷는 이는 드물다. 대체로 동행인과 이야기하며 지나치거나 보기 좋은 그림을 배경으로 가족의 사진을 남겨주는 정도. 그런 모습이 보일 때마다 안타깝다.

　이 숲길을 다시 찾은 것도 그런 이유였다. 신문사에 다니던 시절 월정사는 인연이 참 많았다. 한 달에 세 번 이상 거의 매주 취재하러 온 적이 있을 만큼 내려올 일이 자꾸만 생겼다. 전생에 무슨 인연이 있지 않고서야 이럴 수는 없다는 생각마저 들었다.

　한번은 3월 중순에 월정사 행사로 오대산 산행을 따라나섰다가 허리까지 눈에 쑥 빠져버렸다. 이러다 죽겠구나 싶었던, 그런 순간이었다. 평생 잊을 수 없는 기자 초년병 시절의 이야기다.

　그때부터 전나무숲을 무진장 걸어 다니기 시작했다. 시간이 한참 흐른 뒤에는 사진이며 영상을 찍는답시고 무던히도 오르내렸다. 그랬음에도 다시 돌이켜 생각해 보니 그 숲이 어디가 어떻게 생겼는지 또렷하게 기억이 나질 않았다. '숲'이라는 주제가 눈에 들어오고 나서야, 오대산 전나무숲길을 제대로 볼 마음이 일어난 셈이다.

　무엇이든 마음을 먹으면 자료부터 찾아보는 게 순서다. 글자로 쓴 기록은 눈으로 보이지 않는 진면목을 알려주기 마련이다. 이

숲길에 심어진 전나무는 그 수만 1,700그루. 평균 수령이 83년이다. 이 정도면 한 그루만 있어도 다른 지역에서는 노거수로 분류하는데, 여기는 80년 넘은 나무가 빽빽하게 들어차 있으니 분위기부터 남다르다. 이런 숲을 등한시한 스스로가 한심스러웠다.

가장 오래된 나무는 수령이 300년에 이른다. 이렇게 오래된 아름드리나무는 뿜어내는 피톤치드의 양도 상당하다. 언제 찾아도 청량한 기분이 드는 이유는 여기에 있다. 월정사로 들어서는 길목 바로 근처에 주차장이 있음에도 구태여 저 아래에서부터 걸어 올라가라는 이유이기도 하다. 전국 각지에 우리가 몰랐던 훌륭한 숲이 많지만, '산림욕'이라는 단어가 실감이 나게 온몸으로 느껴지는 숲이 곧 월정사 전나무숲이다. 날이 좋든, 궂든, 찾아온 모든 날이 좋을 수밖에 없는 숲이다.

전나무숲으로 들어가는 초입에 일주문이 섰다. 그 안으로 발길을 내딛는 순간부터 숲길의 시작이다. 일주문 편액에 적힌 '월정대가람月精大伽藍' 글씨는 오른쪽부터 왼쪽으로 흐른다. 익숙한 대로 왼쪽부터 읽어 봐야 당최 무슨 소리인지 알아보기 어렵다. 월정사라는 사찰의 이름을 조금 격조 있게 이르는 말인데, '가람'은 '승가람마僧伽藍摩'의 줄임이다. 풀어 설명하면 '수행하는 승려가 모여 지내는 곳' 정도가 되겠다.

희귀 생물 가득한 우람한 숲

일주문 안쪽부터는 보이는 세상이 완전히 달라진다. 울창한 전나무가 빽빽하게 들어섰다. 원시림의 풍광이 고스란히 살아 있다. 인위적인 관리의 손길이 거의 보이지 않는다. 사람의 흔적은 주변의 자연에서 주워온 것을 쌓아두거나 문구를 적은 팻말이 군데군데 보이는 정도. 그 외에는 오랫동안 자연이 스스로 다듬어 온 경관이 주를 이룬다. 길게 늘어선 전나무의 모습도 그렇지만, 쓰러져 생을 다한

나무의 모습도 그대로 길가에 남았다. 그 그루터기를 다람쥐가 놀이터 삼아 뛰어다닌다. 부모와 함께 숲길을 찾은 어린아이는 알록달록한 다람쥐가 마냥 귀엽다. 과자를 주고 싶은데 "다람쥐는 그런 거 주면 안 돼요."라는 엄마의 말에 발치에 떨어진 도토리를 주워 다람쥐 근처에 놓아준다.

고사해 바스러진 나무의 한쪽 단면에서는 자연 다큐멘터리에서나 볼 법한 버섯이 자리를 잡았다. 독버섯인지 먹을 수 있는 버섯인지는 모르겠으나, 아무도 손대지 않아 자연의 모습 그대로 몸체를 갖춘 채 살아가고 있다. 축축한 숲의 습기를 빨아들여 버섯의 표면은 우아하게 반짝인다. 지금껏 이 길을 그렇게 오가면서도 한 번도 보지 못했던 소소하고 신비로운 생태계가 이제야 생생하게 다가왔다.

되도록 걸음을 천천히 옮기고자 했다. 그래야 눈에 와 닿는 게 많아질 테니까. 언제 다시 올지는 알 수 없어도 이번이 마지막일 수 있다는 생각으로 위와 아래를 모두 살피고 좌우를 고루 둘러봤다. 그랬더니 들어온 나무의 둥치. 아마도 오래전의 생채기였을 성싶은 그 자리에 부처가 앉았다. 시방세계 모든 것이 부처라더니 나무 안에도 부처다. 물론 보는 이에 따라 생각이 다를 수 있겠지만, 그리 생각하기로 했다.

조금 더 걷다 보니 전나무라는 이름의 유래도 알게 됐다. 나무에 상처가 나면 젖^{우윳빛} 진액이 나온다고 해서 '젖나무'라고 부르다가 '전나무'가 된 것이라고. 새롭게 배워가는 지식이다. 이 숲길에는 숲을 즐길 수 있도록 돕는 지식 창고가 곳곳에 마련돼 있다. 곁으로 보이는 안내판은 꼼꼼히 살피는 게 좋다. 숲에서 자라는 버섯의 종류나 거미, 이끼류, 동물, 전나무 아래서 자라는 온갖 꽃 등을 일러준다.

2006년 10월에 쓰러졌다는 숲의 최고령 나무의 수령이 600년이었다는 것도 게시판을 보고 알았다. 그 유명한 할아버지 전나무다.

숲 만나는 ○○○ 예쁜이 진나무 숲

모르고 봤다면 이미 고사해 버린 커다란 나무의 흔적이라고만 생각했으리라. 왔다 간 것이 중요한 게 아니라 그 얼굴을 얼마나 온전히 마주했는지가 중요하다는 것을. 숲에서 배운다. 사람도 숲도 마음을 다해서 대해야 한다는 걸.

숲 정보	평창 오대산 월정사 전나무숲
주소	강원특별자치도 평창군 진부면 오대산로 350-7
풍광	●●●●●
난이도	●○○○○
태그	#평창 #오대산 #전나무1700그루 #피톤치드 #할아버지전나무

선희네 사골곰탕

평창읍 내에 위치한 작은 식당으로 현지인이 순댓국을 즐겨 찾는다. 사골곰탕을 주메뉴로 삼고 있지만, 이 국물을 이용해서 끓이는 순댓국이 일품이다. 순대는 인근 시장에서 만든 것을 사용하는데 속이 실해서 먹고 나면 속이 든든하다. 담백하고도 진한 국물은 추위가 몰아치는 겨울이면 진가를 발휘한다.

주소 | 강원특별자치도 평창군 백오로 91
전화 | 033-334-3331

아승순 메밀막국수

막국수는 평창을 대표할 만한 음식이다. 태백산맥을 기준으로 관서와 관동의 스타일이 서로 다른데, 그중에서도 평창은 춘천과 더불어 관서식 막국수의 대표라 할 수 있다. 평창읍에서 비교적 가까운 대화면의 이 집은 매우 독특하다. 간장 막국수, 비빔 막국수, 물 막국수를 마치 코스요리처럼 즐길 수 있다. 사장님이 가르쳐 주는 대로 따라하면서 한 번의 주문으로 각기 다른 막국수를 먹는다. 만드는 법도 간단하다. 아쉽게도 사장님이 곧 가게를 접으시려고 고민 중이라고 하시니, 각별한 이 맛을 보려면 서두르는 게 좋겠다.

주소 | 강원특별자치도 평창군 대화면 대화중앙로 31
전화 | 033-333-1158

월정사와 상원사

전나무숲 끝자락에는 월정사가 있다. 선덕여왕 12년(643년)에 자장율사가 창건한 것으로 알려진 이 절은 강원도 일대를 아우르는 교구본사다. 그 위상에 걸맞은 정갈한 전각과 함께 팔각구층석탑, 석조보살좌상이 유명하다. 월정사 위로 이어지는 선재길을 따라 걸어 올라가면 상원사가 나온다. 성덕왕 23년(724년)에 지었으며, 석가모니의 진신사리를 모셔둔 적멸보궁이 있어 한국에서 빼놓을 수 없는 성지 순례지다.

월정사
주소 | 강원특별자치도 평창군 진부면 오대산로 374-8
전화 | 033-339-6800

상원사
주소 | 강원특별자치도 평창군 진부면 동산리 오대산로 1209
전화 | 033-334-6666

1 선희네 사골곰탕
2 아승순 메밀막국수
3 월정사

chapter 03

심산유곡에 숨은 조선왕실의 묘

삼척 준경묘·영경묘 금강소나무숲

강원특별자치도 삼척시 미로면 준경길 333-360(준경묘),
강원특별자치도 삼척시 미로면 영경로 270(영경묘)

왕가의 묘역은 대부분 최고의 명당에 자리해 있다. 풍수지리를 잘 몰라도 "우와!"라는 감탄이 절로 나올 만한 곳이 많다. 그중에서도 잘 알려지지 않은 곳, 삼척의 이 묘역은 신비롭기까지 하다. 주변을 금강소나무가 둘러서서 보호하고 있으니 더 그런 생각이 든다.

수백 년간 숨겨뒀던 왕가의 무덤

조선 초기부터 이상한 소문이 곳곳에서 사람들의 입에 오르내렸다. 태조 이성계의 5대조인 이양무와 그의 부인이 강원도에 묻혀 있다는 이야기였다. 구체적인 후보지까지 여럿 거론됐다. 그중 대표적인 곳이 삼척부의 미로리다.

소문이 끊이지 않자 선조 대에 이르러 강원도 관찰사 정철이 직접 돌아보고 기록을 남기기도 했다. 여기는 태조 이성계의 조상인 목조의 부모가 묻힌 곳이니 규모를 조정할 필요가 있다는 의견을 더하기도 했다. 그런데 조정의 답변이 요상했다. 그곳에 묻힌 피장자의 신원을 파악하기 어려우니 그 안을 수용할 수 없다는 것. 그 뒤로 소문은 더욱 부풀어서 뜬구름처럼 뭉게뭉게 퍼져만 갔다.

소문만 무성하던 이 두 묘역이 세상에 드러난 건 조선 말엽이었다. 1898년, 대한제국이 성립하자 의정부 찬정 이종건을 비롯한 몇 명이 삼척에 있는 묘역의 수호를 자청한다. 조정에서는 공식 조사에 나섰고, 이듬해인 1899년 이 두 무덤의 주인이 태조 이성계의 5대조인 목조 이안사의 아버지 이양무와 어머니 이 씨라고 인정한다. 준경, 영경이라는 묘호를 정한 것도 이때의 일이다.

물론 대한제국이 이 두 묘역을 공식 인정한 건 이유가 있었다. 황실을 중심으로 국가를 바로 세우는 게 시급했고, 그 과정에 있어 대한제국의 뿌리를 더 공고히 하고자 했기 때문이다. 그 뿌리는 이전보다 훨씬 더 깊고 단단해야 했다. 이로써 대한제국은 무너지지 않는 국가를 만들고자 했다. 현재 태조 이성계의 조상 묘 중 남아 있

는 건 삼척의 준경묘와 영경묘가 유일하다.

이런 준경묘와 영경묘에 관한 이야기는 처음 접했을 때부터 호기심이 일었다. 조선 왕조가 숨겨뒀던 왕가의 무덤이라는 구석이 관심을 끌었다. 그 배경을 사전에 알아보고 가는 길, 이곳을 찾아가는 일은 마치 내가 인디아나 존스가 되는 것만 같은 기분을 들게 했다. '비밀의 묘역'이라는 단어는 묘한 흥분을 일게 했다.

두 묘역은 3.6km 정도 떨어져 있다. 두 사람은 함께 붙어 있지 않았다. 두 묘역의 주차장에서 주차장까지의 거리만 1.8km. 두 곳을 하루에 모두 찾을 요량이라면 걸어서 이동하기에 버거울 수 있다는 걸 유념할 필요가 있다. 가급적 차로 이동하는 게 현명하다. 둘 중 사람들이 더 많이 찾는 곳은 이양무의 묘인 준경묘다. 준경묘는 미로리 마을 곁에 조성한 주차장에 차를 두고 산길을 따라 40분을 올라야 한다. 그런데 이 길이 만만치 않다. 경사가 급한 데다 시멘트로 포장한 길이 아주 미끄럽다. 조금만 한눈을 팔면 신발이 미끄러져 낙상하기에 딱 좋다.

묘역을 에워싼 장군의 위엄

이런 곳은 천천히 걷는 게 신상에 이롭다. 근육에 젖산이 쌓이면 쉽게 피로해지고 돌아올 때 미끄러운 길을 내려가는 일이 매우 곤란해지기 때문이다. 등산용 스틱을 가지고 오지 않은 걸 처음으로 후회했다. 한참을 오르면 잠시 쉬어갈 수 있는 쉼터가 나온다. 정확히 여기까지가 고비다. 이곳부터는 비교적 순탄한 길이 이어진다. 약간의 오르막과 내리막이 연속으로 나타나지만 지나온 구간에 비하면 아무것도 아니다.

준경묘 안쪽까지 처음 들어간 계절은 늦여름이었다. 머리 위로 무성한 가지를 타고 피었던 자줏빛 칡꽃이 꽃잎을 하나씩 떨궈서 땅바닥에 몸을 누이는 시기였다. 산길을 따라 불어오는 산바람이 시원

해 발걸음도 점차 가벼워진다.

약 이십 분 정도를 걷다 보니 어느 순간 뻥 뚫린 개활지가 저 멀리 드러난다. 어지간한 운동장보다 넓은 잔디밭이 펼쳐져 눈을 시원하게 만든다. "여기에 이런 곳이 있을 줄이야!"라는 말이 절로 나온다. 그야말로 첩첩산중 안에 꼭꼭 숨겨둔 묘역답다.

왕가의 묘역이지만 조선 왕조 오백 년간 드러나지 않은 곳이었기에 별다른 구조물은 없다. 재실 하나에 커다란 봉분 하나. 대단한 건 이 둘레를 에워싼 숲이다. 단 한 번의 망설임도 없이 곧게 뻗어 자란 소나무가 빽빽하다. 사철 푸르른 저 소나무가 하늘을 향해 뻗어 올라간 모습을 보면 경탄하지 않을 수가 없다. 이곳을 둘러싸고 있는 소나무가 무덤의 주인을 호위하는 장군처럼 보이기도 한다. 그만큼 위엄이 넘친다. 울진군 소광리의 금강소나무 군락지와는 또 다른 느낌을 준다. 이는 오롯이 조선의 왕실이 비밀리에 그 오랜 시간 숲과 묘역을 관리한 덕이다. 나무의 평균 높이는 35m. 흉고직경을 말하는 경급이 70cm에 달한다. 그러니 어지간히 산을 올라도 외부에서는 이곳이 전혀 보이지 않을 법하다. 흰 눈이 소복하게 쌓인다면 정말 볼 만할 것 같았다.

솔직히 털어놓자면 눈 쌓인 그 모습이 보고 싶어서 일부러 강원도 일대에 폭설이 내린 날 이곳을 찾아오기도 했다. 준경묘를 처음 찾아왔던 날이었다. 길에 대한 어떤 정보도 없었고, 오로지 그 광경을 보고 싶다는 마음뿐이었다. 그러나 초입부터 그 마음은 대차게 꺾여 버렸다. 30cm가 넘게 쏟아진 3월의 폭설은 무거운 습설이었다. 가파른 경사를 따라 오르던 중에 곁에 서 있던 나무가 우지끈 부러지는 걸 목격해야 했고, 길 사방에 야생동물의 분비물이 흩뿌려져 있었다. 가는 것이 문제가 아니라 한 번 들어가면 돌아오는 게 불가능할 것 같았다. 주차장에서부터 40분을 걸어 들어가야 하는 거리여서 문제가 생기면 도움을 요청하기도 어려웠다. 그래서 과감하게 첫 방문을 포기했던 기억이 있다.

양의 자리, 음의 자리

반면 여기서 조금 떨어진 영경묘는 찾아가기 제법 수월했다. 마을 바로 옆에 있어 산길을 따라 조금만 올라가면 된다. 묘에 들어가는 길목의 오르막에 서면 홍살문 너머 재실이 보인다. 마을에서 불과 2~3분 거리인데도 불구하고 그 길목까지만 들어와도 밖에서는 전혀 보이지 않는다. 신기할 만큼 교묘하다. 재실 마당에 서면 작지만 탁 트인 느낌도 든다. 바로 곁의 마을 역시 이 안에서는 볼 수 없다. 풍수라는 게 이런 것인가 싶었다.

영경묘는 눈 쌓인 설경과 한여름의 모습을 모두 보았다. 같은 자리임에도 색다른 느낌이 물씬 풍긴다. 특히 재실이 있는 작은 잔디밭은 소박하지만 우아한 기품이 느껴진다. 제를 지내는 재실이 있어 자아내는 분위기는 확실히, 동아시아 어느 곳을 보아도 한국에서만 느낄 수 있는 느낌이다. 영경묘가 더 특별한 건 재실에서 무덤이 바로 보이지 않아서다. 재실 왼편으로 난 길을 따라 계곡 안쪽으로 더 깊이 들어가면, V자로 갈라지는 계곡의 끝자락에 봉분이 앉아 있다. 그 주변은 빽빽한 숲이다. 재실 주변을 금강소나무로 치장해 두었다면, 무덤가는 산에서 자생하는 것들이 자연스레 무덤의 주인을 숨겨주는 모양새다.

준경묘와 영경묘 두 군데를 모두 돌아보면 비로소 깨닫게 되는 게 있다. 양과 음의 이미지다. 한 곳은 너른 개활지에, 다른 한 곳은 우거진 계곡 안쪽 깊숙한 자리에 조성돼 있다. 누가 보아도 준경묘는 양의 기운을 띄고 있고, 영경묘는 서늘한 음의 기운이다. 그렇다고 영경묘에 볕이 들지 않는 것은 아니다. 하늘에서 쏟아지는 태양빛은 정확히 숲속에서 봉긋하게 솟아오른 봉분을 비춘다. 음지 안에 자리한 기가 막힌 양지랄까. 이런 자리를 찾아내어 묘를 조성한 사람의 각별한 안목이 돋보인다. 둘 다 금강소나무숲이 에워싸고 있어 밖에서 전혀 보이지 않는다는 건 공통점이다. 지금은 실전失傳되어 버

삼척 준경묘 영경묘 금강소나무숲

린 옛 조상의 지혜를 엿보는 기분도 든다.

어렵게 찾아온 묘역을 돌아 나올 때는 다리가 쉬이 떨어지지 않았다. 조선이 숨겨왔던 비밀의 묘역은 분명 다른 숲에서 느끼지 못한 독특한 감흥을 불러일으켰다. 잔디 위에 앉아 잠시 다리를 쉬었다. 머리 위로 흘러가는 구름에 시선을 빼앗긴다. 푸른 하늘과 하얀 구름. 그 아래로 솟아오른 금강소나무 군락. 이곳이 왜 명당인지 누가 설명해 주지 않아도 오감으로 이미 알 것만 같았다.

숲 정보	삼척 준경묘·영경묘 금강소나무숲
주소	강원특별자치도 삼척시 미로면 준경길 333-360(준경묘), 강원특별자치도 삼척시 미로면 영경로 270(영경묘)
풍광	●●●●○
난이도	●●●●●
태그	#삼척 #조선왕가 #태조의조상묘 #금강소나무숲 #비밀의묘역

만남의 식당

곰치국은 강원도를 대표하는 해장 음식으로 알려져 있다. 술 마신 이튿날 뜨끈한 곰치국 한 그릇을 들이키면 속이 시원해진다. 머릿속이 맑아지는 느낌마저 든다. 만남의 식당은 현지인이 추천하는 삼척항의 대표적인 곰치국 전문점이다. 강원도 해안가를 따라 지역마다 곰치국을 끓이는 방식이 조금씩 차이가 있긴 하지만, 삼척은 그중에서도 투박한 느낌의 곰치국을 낸다. 칼칼한 김치를 잔뜩 넣고 여기에 살코기가 크게 붙은 곰치를 큼지막하게 넣어 팔팔 끓인다. 맛도 김칫국에 가깝다. 음식의 기교보다는 있는 그대로, 음식 재료가 가진 맛을 오롯하게 그릇에 담아낸다.

주소 | 강원특별자치도 삼척시 새천년도로 84
전화 | 033-574-1645

삼척항 대게거리

바닷가를 따라 달리다 보면 마주하게 되는 삼척항. 이곳은 울진, 영덕과 함께 대게가 유명해 찾는 이가 많다. 자연스레 포구 곁을 따라 대게 전문점이 많아 대게거리라는 이름이 붙었다. 바다를 끼고 좁은 골목으로 들어가면 작은 난전과 식당이 많은데 여기에서는 다양한 횟감을 저렴하게 맛볼 수 있다.

주소 | 강원특별자치도 삼척시 나리골길 일대

쌍용각

삼척은 의외로 중식을 잘하는 가게가 많다. 그중에서도 쌍용각은 쫄깃한 탕수육이 맛있어서 여러 미디어가 소개한 노포다. 무려 56년이 넘은 내공이 고스란히 전해지는 음식이 많다. 탕수육만 시키기보다는 여러 가지를 다양하게 먹어 볼 필요가 있다는 의미다. 그중에서도 볶음밥은 단연 발군이다. 고슬고슬한 밥을 고온으로 빠르게 볶아 내는데 엄지손가락을 절로 치켜들게 만든다. 여기에 짭조름한 짜장 소스를 조금씩 비벼서 먹으면 볶음밥만 먹는 것과는 또 다른 풍미를 느낄 수 있다.

주소 | 강원특별자치도 삼척시 오십천로 455
전화 | 033-572-8577

1 만남의 식당
2 삼척항 대게거리
3 쌍용각

chapter 04

육지 속의 섬,
임금의 눈물

영월 청령포숲

강원특별자치도 영월군 남면 광천리 산68

어린 임금이 궐에서 쫓겨나 강원도 영월까지 들어왔다. 강을 따라 걷고 산을 넘어가며 온갖 고생 끝에 도착한 산골 오지. 그가 이곳에 머물렀던 흔적은 육지의 섬에 고스란히 남아 있다.

강과 벼랑이 만든 감옥

영월은 두 개의 강이 휘돌아 내려와 영월에서 하나로 합쳐진다. 하나는 강원도 정선에서 내려온 동강이고 다른 하나는 영월군 한반도면 옹정리 선암마을에서 시작해 내려오는 서강이다. 두 강은 영월읍에서 하나로 만나 남한강이 되어 흘러간다. 동강은 영월사람이 부르는 이름으로 영월의 동쪽을 흐른다고 해서 동강이다. 원래 이름은 주천강이다. 마찬가지로 영월의 서쪽을 흘러서 서강이다. 원래 명칭은 평창강. 영월 남면의 안쪽 깊이 흐르는 서강을 따라가다 보면 산 아래로 강이 유려하게 굽이치는 광경을 만난다. 이곳이 청령포라 부르는 곳이다. 배를 타야만 건너갈 수 있고, 서강이 삼면을 둘러싸서 흐른다. 유일하게 육지에 접해 있는 뒤편은 가파른 절벽이다. 단종에게 이곳은 창살 없는 감옥이었다.

　　단종은 이런 청령포를 일컬어 '육지 속의 외로운 섬陸地孤島'이라고 불렀다. 이 말은 아마도 먼 땅까지 유배를 내려온 그의 심사를 대변하는 문장이었을 것이다. 1452년 11살의 어린 나이에 그는 왕위에 올랐다. 그러나 권력을 향한 탐욕은 어린 왕을 그냥 두지 않았다. 숙부인 수양대군이 날카롭게 날이 선 욕망의 칼을 빼 들었다. 정변의 시작부터 왕위를 찬탈하는 데까지 걸린 시간은 1년 반이었다. '계유정난'이라 불리는 사화다. 이 사건은 왕위를 빼앗긴 단종에게 노산군이라는 이름을 붙이더니 종국에는 강원도 영월로 쫓아내는 지경까지 이르렀다. 심지어 단종의 복위를 꿈꾸던 금성대군의 모의가 발각되며 결국 이 어린 조카는 사약을 받는다. 여기까지가 정사가 기록한 단종의 운명이다.

하지만 영월 지역에서 구전되는 이야기는 더 나아간 이야기를 전한다. 단종의 시신이 청령포의 물 위에 떠 있었다는 소문이다. 이를 호장 엄흥도가 몰래 수습했다는, 수백 년을 이어온 이야기가 지금도 영월 일대를 떠돈다.

다른 설도 있다. 영월에 도착하기 전에 이미 단종이 사망했다는 일대의 입소문이다. 한강의 물줄기를 따라 원주를 넘어 신림과 주천을 넘는 산길은 무척 험하다. 차로 달리며 보아도 어린 왕이 영월까지 이르기가 수월치 않았을 성싶다. 소문은 심신이 망가질 대로 망가진 단종이 끝내 강행군을 버티지 못했다고 말한다. 유배지에 닿기 전에 사망했고, 그 이야기는 포장되어 세간의 뒤로 숨겨졌다고 전해지고 있다. 그것이 진짜인지 알 길은 없다. 진실은 이미 저 강물에 실려 떠내려가 버렸다.

단종이 머물던 청령포는 지금에 와서 무척 달라졌다. 지형이야 대체 이런 곳을 어떻게 찾았나 싶을 만큼 완벽한 육지 속 섬이다. 그곳에는 이제 관광 삼아 찾아오는 사람으로 북적인다. 수시로 배가 드나드는 선창이 생겼고 열댓 명 정도는 단번에 실어 나를 배 몇 대가 교대로 부지런히 오간다. 풍광은 수백 년이 지나도 옛 모습을 잃지 않았지만 오지 속 오지였을 땅은 영월을 대표하는 관광지가 되었다. 비극의 땅이 현재를 먹여 살리는 웃지 못할 아이러니가 아닐까 싶었다.

버려진 왕의 유일한 벗

강물을 가로질러 청령포로 들어간다. 청령포의 강변은 무성한 풀로 뒤덮여 있다. 그 너머는 우거진 숲이다. 이곳으로 들어가기 전, 멀리서 보았을 땐 숲이 그리 대단해 보이지는 않았다. 배에서 내려 가까이 다가가면 다가갈수록 그제야 위용이 눈에 들어온다. 여름, 그 숲의 입구에는 엉겅퀴의 보랏빛 꽃이 이 땅에 들어온 사람의 시선을

사로잡는다. 풀 무더기의 경쟁을 이기고 피어난 척박한 자태. 그 곁에 서서 숲의 안쪽을 들여다보았다. 나무 사이로 낮은 담장이 둘러쳐져 있고 그 안에 단종이 생활했던 가옥 몇 채가 놓였다. 묘하게도 숲을 이룬 소나무는 담장 안쪽을 향해 몸을 숙였다. 섬에 유폐된 왕에게 나무들이 고개를 숙였다는 말이 나올 법도 하다. 말 만들기 좋아하는 사람이라면 이 광경을 보고 기어이 이야기 한 자락쯤은 지어 내고도 남았으리라. 그러나 실상은 달랐다. 이곳의 나무가 원래 그리 자랐고, 후에 단종이 그곳에 자리를 잡았다고 한다.

　　단종을 향한 안타까움을 품고 들어와서일까. 꾸며진 낭설임을 알면서도 소나무 한 그루 한 그루가 기품 있는 신하의 자태처럼 보였다. 이를 보는 단종의 심사는 어땠을까. 한양의 궁궐에서 얻지 못했던 충신을 이 땅에서 얻은 것 같은 기분이 들었을까. 소나무의 그런 모습으로 위로를 받았을까, 더욱 처참한 마음이었을까. 그의 기분을, 유배지에서 받았을 첫인상을 찬찬히 미루어 짐작해 본다.

　　단종이 기거했다는 거처는 훗날 복원한 것이다. 한데 복원한 그 결과물이 다소 아쉽다. 번듯한 한옥이야 그렇다 치고 그 안을 메운 내용이 그리 좋아 보이지 않았다. 차라리 내부를 비워두고 그때의 생활상을 간단한 그림이나 글로만 남겼다면 어땠을까. 눈에 보이는 재현은 제아무리 디테일을 갖췄어도 빈 곳 위에 각자가 덧대어 만들 수 있는 상상을 이기기 어렵다. 심지어 마네킹에 입힌 한복과 주변의 잡동사니가 한없이 초라해 보인다. 그 바람에 안 그래도 마음 아픈 장소가 더 처연하게 느껴졌다.

　　그나마 이 안에서 단종의 비극에 몰입하도록 만들어 주는 건 담장 위로 길게 누운 노송이다. 묘하게도 담장 밖의 소나무가 담장을 넘어서 가지를 가로로 길게 뻗었다. 마치 단종의 안위를 들여다보려는 것처럼. 그래서 이 노송에는 '충신'이라는 글자가 따라다닌다. 담장이 놓인 후에 나무가 이렇게 자랐다면 사람들의 그런 상상은 더욱 힘을 얻었겠지만, 아쉽게도 실상은 그렇지 않다. 그저 사람들은 생각하고 싶은 대로 생각할 따름이다.

숲의 한가운데에는 관음송 하나가 하늘 높이 솟아 있다. 그 체고가 30m에 달한다. 둘레만 5m. 보기 드물게 커다란 몸집을 가진 나무다. 보통 관음송이라고 하면 불교의 관세음보살을 연관짓는다. 그러나 이 숲에서는 전혀 다른 의미다. 한자는 동일하다. 다만 관세음보살의 관음이 세상 사람들의 아픔을 보고 들어 어루만져준다는 의미라면, 이 소나무에 붙여진 관 자는 처절했던 단종의 생활을 묵묵히 지켜보았다고 해서 볼 관^觀이고, 밤마다 들려오는 왕의 오열을 들었다 하여 소리 음^音이다. 땅에서부터 1.2m 정도의 높이에서 나무의 가지가 양쪽으로 갈라져 있는데, 단종이 그 사이에 앉아 쉬었다는 말이 전해진다. 나무의 수령은 600년 이상으로 추정한다. 이 정도로 오랜 시간 생을 이어 가는 소나무는 귀하다. 그래서 천연기념물 제349호로 지정받았다.

폐위된 어린 왕이 한양을 그리던 절벽

숲을 가로지르면 청령포의 뒤를 병풍처럼 두른 절벽 위로 오를 수 있는 길이 나온다. 그 끝은 노산대라고 부르는 곳으로 이어진다. 험준한 절벽에서 사람이 서서 그 밖을 내다볼 수 있는 유일한 장소다. 단종이 이곳에 서서 한양 쪽을 바라보며 시름에 잠겼다는 설명이 붙어 있다. 그럴 만도 하겠다. 하필 청령포는 한양 쪽을 등지고 앉은 형국이니 말이다. 폐위된 왕이 '노산군'이 되어 머무르던 처소는 금세 자취를 감췄던 모양이다. 약 300년이나 지난 영조 2년^{1726년}에 어명을 내려 이곳에 단종이 머물렀음을 알리는 단묘유지비를 세웠기 때문이다. 왕이 머물렀던 곳이기에 동서로 300척, 남북으로 490척 이내에는 뭇사람이 들어오지 못하게 하는 금표비도 지금까지 이어온다.

청령포를 시작으로 영월에서 단종의 흔적을 되짚는 내내 마음

이 영 편치 않았다. 그 어린 임금이 무슨 죄가 있었던가. 권력이 무엇이길래 한 사람의 생을 이토록 철저히 짓밟아서 끝내야만 했을까. 걸음걸음마다 수백 년 전 눈을 감은 어린 임금의 심사가 발끝에 채는 것만 같았다. 쏟아지는 햇살 아래 그때나 지금이나 영월의 산과 강, 그리고 저 소나무는 늘 그렇듯 푸르기만 하다. 그게 마치 인간사의 무상함을 보여주는 듯했다. 제아무리 높은 권력일지언정 무슨 의미가 있겠는가. 시간이 지나면 이토록 흔적도 남지 않는데.

숲 정보	영월 청령포숲
주소	강원특별자치도 영월군 남면 광천리 산68
풍광	●●●●○
난이도	●●○○○
태그	#단종유배지 #관음송 #노송

동강다슬기

영월을 대표하는 특산물 중 하나는 다슬기다. 영월역 앞에는 널리 알려진 다슬기 전문점이 많은데, 동강다슬기 역시 그중 하나다. 가게에 들어서면 다슬기 전을 부치는 고소한 기름 냄새가 제일 먼저 후각을 자극한다. 다슬기 해장국과 다슬기 무침도 이 집을 대표하는 메뉴다. 다슬기 무침은 채소와 다슬기가 푸짐하다. 갓 썰어 무친 채소의 신선한 맛이 아삭하게 씹힌다. 사이사이 함께 씹히는 다슬기의 살점이 쫄깃한 식감과 함께 특유의 향을 더한다. 다슬기 해장국은 된장을 풀고 시래기를 넣어 투박하게 끓였다. 강렬하진 않지만 순한 맛이 속을 슬슬 어루만지면서 달랜다.

주소 | 강원특별자치도 영월군 영월읍 영월로 2105
전화 | 033-374-2821

영월장릉

어린 단종이 영월에서 눈을 감은 뒤 조성한 단종의 묘역으로 장릉은 수도권이 아닌 곳에 조성한 유일한 조선왕릉이다. 다른 왕릉과 달리 가파른 언덕 위에 조성한 것이 특징. 병풍석과 난간석을 세우지 않은 것도 독특하다. 언덕 아래에는 단종을 위해 목숨을 바친 충신을 비롯한 264인의 위패를 모신 배식단사, 단종의 시신을 수습한 것으로 알려진 엄흥도의 정려비, 묘를 찾아낸 박충원의 행적을 새긴 낙촌기적비 등이 있다.

주소 | 강원특별자치도 영월군 영월읍 단종로 190
전화 | 033-374-4215

예밀와인 힐링센터

한국에서 가장 많이 재배하고 소비하는 캠벨 종으로 와인을 만들어 소개하고 있다. 영월의 예밀 2리는 포도 재배에 적합한 기후와 지형 조건을 갖춘 곳. 예밀와인은 주민들이 만든 영농조합법인에서 제조하고 있다. 여기서 생산한 와인은 18~20브릭스까지 나올 만큼 당도가 높다. 와인 족욕 체험과 시음 등이 가능하다.

주소 | 강원특별자치도 영월군 김삿갓면 예밀촌길 229-3
전화 | 033-375-3723

1 동강다슬기
2 영월장릉
3 예밀와인 힐링센터

chapter 05

남북의 권력자가
사랑한
석호의 비경

동해안에는 석호가 많다. 강의 하구와 바다가 맞닿는 지점에 생기는 호수를 석호라고 부른다. 강원도의 최북단 고성에는 둘레가 16km에 달하는 거대한 호수 화진포가 있다. 그리고 그 주변을 송림이 둘러싸고 있다. 한반도의 근현대사를 뒤흔든 권력자들이 사랑했던 숲이다.

사계절 아름다운 숲과 호수, 바다

근래 동해안을 찾는 사람이 무척 많아졌다. 주말이면 양양이나 강릉, 속초로 차를 몰아 떠나는 행렬이 도로를 가득 메운다. 그만큼 수도권에서 동해안으로 가는 길이 좋아진 덕택이다. 예전에는 강릉까지 가는 데만도 최소 5시간 이상 걸렸지만, 이제는 2시간 반이면 족하다. 서울양양고속도로는 동해안 여행에 본격적인 불을 지폈다. 속초까지 가는 데 7~8시간 걸리던 시간을 2시간 정도로 단축해 주었다. 그 결과 동해안은 이제 수도권에서 가장 선호하는 여행지로 자리 잡았다.

속초에서 차로 대략 1시간 남짓. 불과 방향을 위로 잡았을 뿐인데 도로가 눈에 띄게 한가해진다. 고성으로 향하는 길은 그만큼 상대적으로 인파에서 자유롭다. 고성은 북한과 맞닿아 있다. 여러 가지로 개발이 제한될 수밖에 없는 여건이다. 바로 아래 속초부터 양양을 거쳐 강릉까지 이어지는 지역에 사람이 북적북적 몰리는 것과 대비되는 느낌을 주는 이유다.

고성은 지역적인 특징이 명확하다. 동해안 지역은 대체로 산과 바다가 매우 가깝다. 여기에 강릉, 속초와 고성은 바다가 육지에서 고립되어 형성된 석호가 발달했다. 고성의 석호는 대표적인 곳이 두 군데다. 하나는 송지호, 나머지 하나는 화진포花津浦다. 화진포를 순우리말로 하면 꽃나루다. 호숫가에 해당화가 만발한다고 해서 그런 이름이 붙었다. 5월부터 해변의 모래밭과 그 인근에서 잘 자라

고성 화진포호수 금강소나무숲

는 꽃이 해당화다. 자줏빛 꽃이 아름답다. 특유의 향기도 있는데, 꽤 우아하다. 이걸 아는 사람이 그리 많지 않다. 봄에서 여름으로 넘어 가는 계절에 해안가를 찾았다면 서해부터 남해, 동해까지 어디에서 든 볼 수 있어서 조금만 주의를 기울이면 바로 눈에 띈다. 그 해당화 가 화진포 일대에서 쉽게 보인다.

바다와 석호가 있으니 자연스레 주변으로 습지도 많이 발달했 다. 초도습지, 죽정습지, 화포습지, 금강습지가 화진포 이곳저곳에 자리 잡았다. 습지는 생물의 다양성을 보여주는 중요한 환경이다. 고성이 생태를 테마로 한 여행에 적격인 이유가 여기에 있다. 드물 게 모래톱을 가진 호수라는 점도 특이하다. 화진포는 강물에 밀려 온 모래가 바다에 부딪혀 쌓였고, 물길이 막혀 호수가 됐다. 그래서 모래사장이 있다. 그 위로 생명이 깃들어 자라고 숲이 만들어졌다. 인간이 아닌 자연이 만든 이 생태계는 생명력이 강하다. 온갖 살아 있는 것들이 화진포에 기대어 자기의 생을 살아간다. 봄부터 겨울 까지, 언제 찾아가도 뚜렷한 계절의 변화를 느낄 수 있고 때마다 눈 에 들어오는 동식물이 다르니 혼자서도 고즈넉하게 이 호수 주변을 즐기는 재미가 쏠쏠하다.

한적하고 호젓한 북쪽의 휴양지

과거의 화진포는 접근이 쉽지 않았던 곳이었다. 6·25전쟁의 발발 이후 한동안 북한에 속한 지역이기도 했고, 휴전선이 그어진 이후에는 남한의 땅이 됐으나 철책이 가까워 아무나 들락거리기 어려웠다.

권력자들은 사람의 발길이 뜸한 이 화진포 일대를 사랑했다. 남 북이 똑같았다. 대표적인 인물이 이승만 전 대통령이다. 그는 1954년 화진포의 호숫가에 별장을 지어 이용했다. 이후 1961년 별장은 철 거됐지만 1999년 육군이 복원해 전시관으로 사용하고 있다. 이 안 에는 이승만 전 대통령의 유품 53점이 전시돼 있다. 북의 권력자 김

일성이 이용하던 별장도 이곳에 있다. 그는 1948년 8월에 가족을 데리고 화진포를 찾았다. 김일성의 별장은 바닷가 쪽을 향하고 있어 조망이 좋은 편이다.

6·25전쟁 당시 양쪽의 지도자였던 두 사람의 별장은 화진포교를 사이에 두고 나란히 자리했다. 이건 결코 우연이 아니다. 대한민국에서 누릴 수 있는 모든 자연 생태를 주변에서 모두 누릴 수 있다는 것, 외부인의 접근이 쉽지 않아 남의 눈을 신경 쓰지 않아도 되는 장소라는 면모가 '특별'한 이유가 됐을 것이다. 아무나 누릴 수 없는 자연과 여유를 찾는다면 고성의 화진포 일대만 한 곳이 흔치 않다. 호수 둘레로 소나무숲이 든든하게 에워싸고 있어 호젓한 시간을 보내기에 아주 알맞은 위치다.

호수와 숲이 어우러진 풍경. 호수 쪽에서 바라보니 숲 너머로 파도치는 동해가 바로 내다보인다. 인적 드문 숲과 바다의 고요함이 마음을 차분하게 만들어 주는 기분이다. 숲의 적막함 위로 울려 퍼지는 파도 소리가 청량하다. 화진포 주위의 소나무는 모두 금강소나무다. 하늘로 곧게 뻗은 나무는 너른 숲을 형성하고 있다. 면적이 9만 제곱미터^{약 2만 7,225평}에 달한다. 무심결에 지나치는 이는 알 수 없을 만큼 거대한 규모다. 그것도 100년 이상의 노거수들이니 그 광경이 단연 일품이다.

숲 안쪽에는 야자 매트로 산책길을 만들어 두었다. 나무를 이용한 덱으로 산책로를 조성하는 것도 좋지만, 이렇게 야자 매트를 깔아둔 것도 느낌이 나쁘지 않다. 그 길을 따라 걷는 동안 한쪽으로는 바다가, 반대편으로는 호수가 동시에 보인다. 숲 안에서 이 둘을 동시에 즐긴다는 건 묘한 낭만으로 다가온다. 숲길 중간에서 고인돌도 만난다. 이 일대에 고인돌과 함께 청동기와 철기 시대의 선사 유적이 보존돼 있다는 건 잘 알려지지 않았다. 처음 이곳을 찾아온 사람이라면 고성의 이런 모습이 무척 신선하게 다가올지도 모른다. 우리는 그만큼 우리의 땅을 잘 모른다.

걸어서 닿을 수 있는 북쪽의 끝

한참을 해변에서 서성이다 호숫가로 발길을 틀었다. 전해오는 이야기를 들었던 터라 혹시 하는 마음으로 물 안쪽을 들여다봤다. 화진포 인근에는 열산이라는 마을이 있었다. 어느 해에 큰비가 내려 마을이 통째로 물에 떠내려가 버렸는데, 그 자리가 점점 물에 잠겨 지금의 호수가 되었다는 이야기다. 지금도 바람이 잔잔하고 날씨가 좋은 날에는 물 아래로 예전 마을 터와 담장의 흔적 같은 것들이 보인다고 한다. 그래서 이 호수의 옛 이름이 열산호다. 이 이야기가 사실일까 궁금했지만, 아무리 찾아봐도 물 아래로 그런 모습은 보이지 않았다.

화진포를 떠나기 전 호수와 바다 사이로 난 길 위에서 섰다. 이따금 저편에서 걸어오는 이들이 보인다. 자전거를 타고 신나게 페달을 밟는 이도 심심치 않게 눈에 띈다. 그들 대부분이 '해파랑길'의 이쪽 구간을 누리는 사람들이다. 부산에서 시작한 해파랑길은 영덕, 삼척, 강릉을 거쳐 이곳까지 이어진다. 그 길이만 무려 770km에 달한다. 화진포는 그 길의 종착점이다. 고요한 호수와 그 위로 밀려드는 파도 부서지는 소리, 당당하게 솟아오른 금강소나무의 군집은 그 길의 대미를 장식하기에 모자람이 없다. 몇 년 전 일본의 오헨로 길을 걸었던 기억이 떠올랐다. 일본의 산티아고 길이라 불리는 성지순례의 길. 그 위에서 느꼈던 자유로움이 그리워졌다. 언젠가 770km를 전부 걷는 게 아니더라도 해파랑길 위에 서야겠다는 결심이 섰다. 길 위에서 느꼈던 자유로움을 이곳에서 마무리하는 기분을 느끼고 싶어졌다.

숲 정보	고성 화진포호수 금강소나무숲	
주소	강원특별자치도 고성군 거진읍 화포리 596	
풍광	●●●○○	
난이도	●○○○○	
태그	#남한최북단 #화진포호수 #해송숲	

무진장활어횟집

화진포에서 가까운 거진항의 유명 횟집이다. 자연산 회 전문점인 이 집은 동해안 최북단 저도어장에서 잡은 횟감을 취급한다. 과거 문재인 대통령이 고성을 방문했을 당시 지역 관광 살리기와 남북 평화경제의 의미를 담아 이 집을 방문했던 이유이기도 하다. 자연산이 주를 이루고 있어서 가격이 시가인 경우가 대다수다. 그럼에도 회부터 실향민들의 음식인 오징어순대와 대게까지 한자리에서 먹을 수 있다는 장점이 있다. 그중에서도 물회는 이 집을 찾는 사람들이 가장 호평하는 메뉴 중 하나다.

주소ㅣ강원특별자치도 고성군 거진읍 거진항1길 49-1
전화ㅣ033-681-9765

2. 수도권

chapter 01

산성과 도시 그리고 숲의 공생

경기 광주 남한산성 소나무숲

경기도 광주시 중부면 산성리 산 29 일원

남한산성이란 키워드는 여러 가지를 떠올리게 한다. 이곳은 인조의 굴욕으로 기억되는 땅, 혹은 서울 잠실의 야경이 내다보이는 야경 포인트이기도 하다. 그러나 이게 다가 아닌데 아쉽게도 산성의 매력을 아는 사람은 드물다. 멋진 소나무숲이 있는데도 말이다.

아픈 기억이 스민 거대한 성

인조에게 남한산성은 다시 떠올리기 싫은 곳이었을 게 분명하다. 혹독했던 그 겨울, 청나라의 홍타이지 앞으로 나아가 삼고구배(땅에 머리를 세 번 찧고 아홉 번 절을 올리는 만주족의 인사 예법)을 올려야 했으니까. 김훈의 『남한산성』을 읽을 때마다 그때의 아픔이 느껴지는 듯해 진저리를 쳤다. 뼈가 시리도록 차가운 한겨울의 북풍이 수백 년이 지난 지금도 온몸으로 느껴지는 듯했다. 이곳을 직접 찾아가기 전까지는 생각만 해도 괜스레 가슴이 무거워서 좀처럼 찾고 싶지 않았다.

　사실, 이 산성은 역사가 아주 오래됐다. 기록상으로는 신라 문무왕 대에 이미 이곳에 대한 문구가 나온다. 당시에는 '주장성'이라고 불렀다. 『동국여지승람』에서는 '일장산성'이라고도 쓰고 있다. 다른 기록에서는 원래 이곳이 백제의 시조인 온조의 성이었다고 한다. 한강 바로 아래에 자리한 성의 위치는 그만큼 전략적으로 중요했다는 게 드러난다. 얼마나 많은 역사의 순간이 산성 아래 깊숙한 곳에 잠들어 있을까. 물론 지금, 산성 안쪽의 것은 대부분 조선의 흔적이다. 왕이 지방으로 행차할 때 머무는 행궁도 이곳에 있다. 상궐이 73칸 반, 하궐이 154칸이니, 그 규모가 상당하다. 심지어 행궁 중에서는 유일하게 종묘와 사직까지 모셔두고 있었다. 병자호란의 난리를 피해 인조가 다른 행궁이 아닌 이곳으로 향한 것은 그만한 이유가 있었기 때문이다.

　성 자체도 크다. 둘레가 무려 12km에 걸쳐 만들어져 있다. 안

쪽으로는 100호의 가옥이 있었다. 제법 커다란 도시가 형성돼 있던 것. 일정 수준의 자급자족이 가능할 만큼 농사도 지었던 것으로 알려져 있으니 기약 없이 성을 걸어 잠그고 버티기에는 더없이 좋은 조건이다. 인조가 성문을 열고 나가지 않았다면 이후의 역사는 바뀌었을까? 지난 일을 가정한다는 건 의미 없는 일이지만 성안을 돌아보면서 궁금증이 이는 건 어쩔 수 없다.

성 안쪽에 형성된 도시는 조선 왕조가 무너진 이후에도 꽤 오랫동안 건재했다. 1969년의 조사에 따르면 그 당시 이 성에는 면사무소, 초등학교, 경찰지서, 우체국, 여관까지 있었다. 자체적으로 생활을 유지해도 사는 데 별문제가 없던 시절이 지나고 나서야 변화가 찾아왔다. 이제는 성 내의 기반 시설이 생활을 위한 것이라기보다는 관광에 맞춰진 측면이 더 크다. 그럼에도 아직 마을이 있고, 공동체가 형성돼 있으며 대안학교가 만들어져 있다. 번잡하고 경쟁에 시달려야 하는 도시보다 자연 속에서 공동체 생활을 하고 싶어 하는 이들은 남한산성의 안쪽으로 찾아 들어가 자리를 잡았다.

나무를 지켜낸 금림조합

남한산성을 찾은 사람에게 반드시 눈여겨보라고 권하고 싶은 것은 숲이다. 그것도 60만 제곱미터약 18만 1,500평에 달하는 소나무숲이다. 남문에서 수어장대를 지나 서문을 돌고 북문과 동장대까지 이어진다. 여기에 소나무 1만 4,000본이 자라고 있다. 수도권 일대를 통틀어 이만한 규모의 숲은 흔치 않다. 더구나 조선 시대부터 조정이 보호하던 곳이다. 산성을 수비하는 데 울창한 산림은 매우 중요한 요소가 될 테니 당연한 일인지도 모른다. 관이 숲을 지정해 보호하고 잘 길러낸 나무를 골라 건축에 활용했다는 면을 떠올리면, 이 나무들이 있어 성 안쪽의 마을도 만들어질 수 있었음을 짐작게 한다. 겨울에는 땔감으로, 봄부터 가을까지는 버섯을 기르거나 온갖 생필품

을 만드는 재료로도 사용하기 좋았다. 숲이 있어야 사람이 깃들 수 있다는 사실을 이곳에서 다시 확인한다.

문제는 늘 사람의 욕심이다. 땔감을 구하는 사람이 산성의 소나무를 무분별하게 베어 가져다 썼다. 이로 인해 수시로 산사태가 일어나기도 했다. 산성마을의 유지였던 석태경이 사재를 출연해서 1만 그루가 넘는 소나무를 다시 심은 건 그런 이유에서였다.

숲을 지키려는 노력은 또 있었다. 고종 때도 김영준이라는 인물이 산성 내 산사태 피해지와 그 인근에 1만5,000주의 소나무를 심었다는 문구가 보인다. 그때 심은 나무가 지금 이 숲을 이루고 있는 것이니, 평균 수령이 100년은 훌쩍 넘어간다.

이렇게 키워온 숲이 사라질 뻔한 적은 많았다. 그중에서도 일제 강점기에는 숲이 통째로 사라질 위기에 처하기도 했다. 전쟁 물자와 땔감으로 쓰려는 일제 때문이었다. 그들은 무차별 벌목을 감행했다. 마을 주민들은 이를 마냥 지켜보지 않았다. 303명이 모여 1927년 '남한산 금림조합'을 결성하고 벌목을 막으려 애썼다. 수시로 산을 돌아다니며 벌목꾼을 차단하고 숲으로의 출입을 막는 등 온갖 노력을 기울였다. 무력으로 민심을 지배했던 시절 이런 활동은 목숨을 건 일이었을지도 모른다. 그러나 당시 전국 곳곳에서 일제에 저항하는 움직임이 일었고, 이렇게 내 마을, 내 주변 환경을 지키려는 활동도 활발하게 일어났다. 나라는 빼앗겨도 36년 동안 민심은 어찌하지 못했다는 걸 이런 면면에서 확인할 수 있다. 산성의 행궁 아래에는 '산성리 금림조합장 불망비'가 세워져 있다. 일제 강점기 시절 이 마을의 저항을 보여주는 증거다.

그렇게 지켜온 100년 넘는 수령의 소나무는 산성을 따라 걷는 성곽길 위로 높이 솟아 있다. 이 길은 인근의 주민에게 산책길이자 운동을 위한 장소가 되어 준다. 이곳을 찾는 사람은 많다. 그러나 고개를 들어 머리 위의 늘어선 멋진 소나무숲을 바라보는 사람은 드물다. 아쉬운 일이다. 어렵게 지켜낸 기품 있는 숲은 대다수의 시선에서 벗어나 있다. 늘 그렇듯 알아야 보인다. 눈앞에 있어도 모르면 눈치조차 채지 못하기 마련이다. 이 숲은 소중한 자산이다. 우리가 지켜야 할, 더 오래 보존해서 후손에게 물려줘야 할, 돈을 주고도 살 수 없는 존재다.

다행히 2014년 남한산성은 유네스코 세계문화유산으로 인정받았다. 여기에는 산성의 소나무숲도 크게 한몫했다. 과거 숲을 지키고자 했던 이들의 노력 덕분이다. 어쩌면 이 숲은 그들에게 '미래의 희망'을 의미했는지도 모른다. 그렇게 물려받은 유산의 소중함을 자각해야 하지 않을까. 이제는 그 희망을 우리가 지키고 다음 세대에게 물려줘야 한다. 남한산성 성곽길을 걷는다면 이제 고개를 들자. 당신의 눈앞에 펼쳐진 저 아름다운 숲을 보자. 그 숲은 눈길을 보내는 이에게만 자신을 드러낸다.

숲 정보	경기 광주 남한산성 소나무숲
주소	경기도 광주시 중부면 산성리 산29 일원
풍광	●●●●○
난이도	●●●○○
태그	#남한산성 #성곽길 #세계문화유산

두부만드는집

남한산성 안에는 독특하게도 두부 전문점이 많다. 이 중에는 이미 이름난 가게가 꽤 많다. 그중에서도 '두부만드는 집'은 그만의 노하우로 다른 집과는 전혀 다른 '보자기 두부'를 만든다. 매일 새벽부터 부지런히 두부를 만드는데, 기계나 판을 사용하지 않고 보자기에 두부를 싸서 그대로 굳힌 게 특징. 생콩을 그대로 갈아 쓰기 때문에 색깔도 하얀색보다는 베이지색에 가깝다. 식감도 여느 두부와 달리 훨씬 탱글탱글한 편. 고소한 맛이 도드라진다. 이 두부로 만든 모든 메뉴가 맛있다.

주소 l 경기도 광주시 남한산성면 남한산성로 741
전화 l 031-749-7780

만해기념관

일제 강점기, 꺾이지 않는 기개로 독립의 의지와 자유에 대한 열망을 시로 노래한 만해 한용운. 그를 기리는 기념관이 남한산성 안에 있다. 만해 선생은 민족의 자존심을 상징하는 인물이다. 만해기념관은 선생의 일생을 한눈에 살펴볼 수 있는 상설 전시실과 기획 전시실, 교육관, 체험 학습실과 야외 조각 공원으로 구성했다. 이곳이 특별한 이유는 『님의 침묵』 초판본과 대한민국 건국 공로 최고 훈장인 대한민국장이 전시돼 있다는 점. 만해라는 인물에 대한 모든 것을 만날 수 있는 전시관이다.

주소 l 경기도 광주시 남한산성면 남한산성로792번길 24-7
전화 l 031-744-3100

1, 2 두부만드는집
3 만해기념관

chapter 02

이 섬을
사랑할 이유

인천 굴업도 생명의 숲

인천광역시 옹진군 덕적면 굴업리

캠핑을 좋아하는 사람이라면 이 섬의 이름을 한 번쯤 들어 봤을 것이다. 드넓은 평원에서 보내는 하룻밤의 백패킹, 생각만 해도 얼마나 아름다운지 모른다. 한 가지 더 알아야 할 것은, 이 섬에는 '한국의 갈라파고스'라는 별칭이 붙어 있다.

바다 위에 엎드린 오리

오래 벼르다 길을 나섰다. 가는 길이 좀 번거롭다. 단번에 갈 방법은 없고, 인천 연안여객터미널이나 대부도 방아머리선착장에서 배를 타고 덕적도까지 들어가, 여기서 출발하는 다른 배로 갈아타고 가야 한다. 인천에서 굴업도까지는 남서쪽으로 90km, 덕적도에서는 13km 떨어졌다. 제법 먼 섬이다.

배 안에는 백패커로 가득했다. 굳이 배를 갈아타는 수고를 마다하지 않으면서도 굴업도로 몰려가는 데에는 분명한 이유가 있다. 섬에 펼쳐지는 너른 초원. 그 위에서 텐트를 펼쳐놓고 보내는 하룻밤의 낭만이 각별해서다. 개머리 언덕이라 이름 붙은 절벽의 끝자락은 밤마다 여러 가지 색깔의 텐트가 수를 놓는다. 중간중간 숲이 모여 있긴 하다.

그러나 삼면의 바다 방향은 시야를 가로막는 게 없어서 가슴이 뻥 뚫리는 기분을 만끽하기에 이만한 섬이 없다. 봄에는 푸른 들판, 가을에는 아름다운 억새밭과 수크령이 매혹적이다. 밤이면 머리 위로 별이 쏟아지고 멀리 바다 위에 점점이 뜬 배의 불빛이 일렁인다. 도심에서는 생각하기 어려운 로망이다. 그 하룻밤을 위해 백패커가 이 섬으로 몰린다.

굴업도의 이런 특징은 다른 섬에서도 쉬이 찾아보기 어렵다. 어지간하게 섬으로 캠핑하러 다닌 사람도 여러 번 되풀이해서 굴업도행 배에 오르는 이유다. 이른 아침에 출발해도 점심에나 되어야 비로소 굴업도의 땅에 발길을 디딜 수 있다. 긴 시간을 배에서 보내

야 함에도 이 섬의 마력은 쉬이 잊히지 않는다. 다만 주의해야 할 점이 있다. 굴업도로 향하는 배는 홀수일과 짝수일의 항로가 다르다. 하루는 덕적도에서 바로 굴업도로 들어가지만, 그다음 날은 덕적도에서 바로 곁의 문갑도를 향해 움직인다. 그 아래로 펼쳐진 몇 개의 섬을 돌고 마지막으로 굴업도에 닿는다. 그 시간 차이가 대략 50분 정도다. 조금이라도 빨리 들어갔다 나오고 싶다면 홀수일에 들어가 짝수일에 나오는 배를 이용하면 된다.

여행을 떠날 때는 늘 그곳의 지도를 먼저 살피는 게 좋다. 어떤 모습인지, 어떤 지형으로 이루어져 있는지를 알고 나면 보이는 게 달라진다. 특히 굴업도는 이름의 유래를 미루어 짐작해 볼 만한 기록이 있다. 고산 김정호 선생의 『대동지지』가 대표적이다. 여기서는 굴업도를 '굴압도屈鴨島'라고 써 두었다. 하늘에서 바라본 섬의 모습이 오리가 등을 구부리고 있는 것 같다는 뜻이다. 이 이름이 일제 강점기인 1910년에는 '굴업도屈業島'로 바뀌었다. 1914년에는 엎드려 땅을 파는 사람을 닮았다는 '굴업도屈業島'가 됐다.

실제 지도로 확인해 보면 고개를 갸우뚱하게 된다. 이걸 어떻게 봐야 땅을 파는 사람처럼 볼 수 있는지 이해가 잘 안 됐다. 오히려 김정호 선생이 이야기한 대로 오리의 모습에 더 가까워 보인다. 지도를 보면 어디서 내려 어느 방향으로 가야 할지 알 수 있었다. 굴업도는 동서로 긴 섬이다. 동쪽에 선착장이 있고 개머리 언덕은 서쪽 끝이다. 그 거리를 걸어야 한다는 게 지도에서도 보였다.

푸른 초원을 만끽하는 낭만

굴업도의 선착장에 뱃머리가 닿았다. 그 자리에 트럭이 몇 대 기다리고 있었다. 백패커의 짐을 옮겨주는 섬 주민들의 서비스다. 지도를 보고 긴장했을 사람에겐 다행인 일이다. 물론 다른 선택지도 있다. 트럭에 몸을 싣고 힘을 비축하는 것도 좋지만, 선착장 옆의 숲을 가로질러 굴업도의 자연을 즐기는 것도 나쁘지 않다. 마을까지는 걸어서 10분 남짓. 배낭이 너무 무겁지 않다면 한 번쯤 고려해 볼 만하다.

개머리 언덕을 향하는 길은 마을의 백사장 건너에 있다. 여기서부터는 마음을 단단히 먹는 게 좋다. 개머리 언덕 자체가 섬의 절벽 위에 자리하고 있기 때문이다. 그곳까지 이르는 길에 두 번의 깔딱고개를 넘어야 한다. 그런데 백사장에서 그곳으로 오르는 입구부터 살짝 가파른 모양새다. 배에서 만났던 백패커들이 각자 자기의 짐을 메고 그 가파른 산길을 올라간다. 숲을 벗어나면 탁 트인 초원이 펼쳐진다. 그 사이로 사람이 걸어서 뚫은 오솔길이 있고, 그 길을 따라 섬의 끝으로 향한다. 한참 걷다 보면 약간은 버겁다 싶을 정도의 깔딱고개가 있고, 그 뒤로는 다시 숲이다. 이렇게 숲과 초원을 두세 번 반복해서 건너면 비로소 바다를 향해 달려 나가는 듯한 개머리 언덕이 모습을 드러낸다.

언덕 위에 자리를 잡고 앉았다. 묘한 기분에 휩싸여 움직일 수가 없었다. 한국에 이런 곳이 있나 싶은 절경이다. 곁으로 흔들리는 억새와 푸른 바다, 비현실적인 모습에 혼을 뺏길 것만 같았다. 주위를 둘러싼 모든 것이 다 좋았다. 캠핑장과 달리 서로 멀찍이 떨어져 있기에 누구의 눈치도 볼 필요가 없다. 나에게 주어진 환경에서 나를 둘러싼 자연의 선물을 즐기면 그만이다.

그러다 굴업도에서 시간을 보내며 아쉬운 게 눈에 들어왔다. 주위의 숲을 주목하는 이가 별반 없다는 점이다. 굴업도에는 '한국의 갈라파고스'라는 수식어가 붙어 있다. 이는 굴업도의 숲 덕분이다. 소사나무가 빽빽하게 군락을 이루고 있고, 그 사이마다 이팝나무, 팽나무가 땅 깊이 뿌리를 내리고 있다. 만주고로쇠, 생강, 찰피, 동백, 으름, 보리수 같은 수종도 굴업도의 식구다. 숲이 있어서 깃든 생명도 있다. 굴업도 전 지역이 멸종위기 2급인 먹구렁이의 서식지다. 섬을 찾는 사람이 늘어난 요즘은 쉽게 보기 어렵지만, 몇 년 전

까지만 해도 흔하게 볼 수 있었다고 한다. 머리 위로는 천연기념물 참매와 검은머리물떼새가 날아다닌다. 관심이 없으면 보이지 않지만, 조금만 눈여겨보면 보이기 마련이다. 그네의 모습이 꽤 눈에 들어온다. 겨울이 되면 남쪽으로 날아가는 온갖 철새가 굴업도를 기착지로 삼는다는 걸 잊어서는 안 된다. 캠퍼들은 굴업도에 머무는 동안 수많은 생명이 함께하고 있다는 걸 알 필요가 있다.

파라다이스를 유지하는 건 인간의 몫

이것이 중요한 이유는 굳이 두 번 말하지 않아도 충분하다. 하지만 현실은 처참하다. 백패킹은 자연에서 자연을 즐기는 행위이기 때문에 별도의 화장실이 없다. 그래서 화장실을 이용하려면 30분 이상 걸어서 마을까지 내려가야 한다. 모두가 이를 지키면 좋겠지만 그럴 리 없다. 한두 사람도 아니고 그 많은 인원이 급해지면 숲으로 사라진다. 숲으로 조금만 들어가도 그 흔적이 즐비하다. 이런 행태는 굴업도의 숲에 심각한 흉터를 남기고 있다. 자연을 즐기기 위해서는 자연을 알아야 한다. 이 단순한 명제를 굴업도를 찾는 사람 모두가 고민해 봐야 하지 않을까.

　　인간이 지켜야 할 것만 지킨다면 자연 생태가 살아 있는 굴업도는 그야말로 동물과 인간 모두에게 파라다이스다. 요즘은 뜸해졌다지만 아침에 눈을 뜨면 야생 사슴 떼가 스스럼없이 텐트 근처로 다가와 노니는 경험을 할 수 있다. 모두가 기대하는 낭만이다. 이런 아름다운 모습을 더 오래 만끽하기 위해서라도, 굴업도를 찾는 모두가 굴업도를 지켜줘야 한다. 파라다이스를 만드는 건 자연이지만 그걸 오래 유지하는 건 인간의 몫이니 말이다.

숲 정보	인천 굴업도 생명의 숲
주소	인천광역시 옹진군 덕적면 굴업리
풍광	●●●●●
난이도	●●●○○
태그	#백패킹성지 #철새 #한국의갈라파고스

3. 충청도

chapter 01

옛 영광의
흔적을 걷다

부여 부소산성 소나무숲

충청남도 부여군 부여읍 쌍북리 산4

부여는 백제의 마지막을 기억하는 도시다. 도도히 흐르는 백마강 한쪽에 나지막이 솟아 있는 부소산. 이곳에서 백제는 길었던 역사의 마침표를 찍는다. 그 뒤로 기나긴 시간이 지나고 시대가 바뀌었다. 고도의 최후를 장식했던 그 자리를 이제는 침묵의 숲이 자리를 지키고 있다.

사비성 왕궁터에 서서

부여는 경주 못지않은 역사 도시다. 경주가 신라의 고도라면 백제의 마지막 수도는 부여였다. 그럼에도 경주에 비하면 부여에 향하는 관심은 덜한 편이다. 실제로 부여를 찾는 여행자의 수는 경주와 비교가 어렵다. 바로 인근에 또 다른 백제의 중심지 공주가 있다는 것까지 감안하면 백제를 테마로 한 여행을 하기에 이곳은 정말 좋은 곳이다. 보고 싶은 것도 많고 가야 할 곳도 많다.

　　그중에서도 부소산성은 백제의 마지막과 깊은 연관이 있는 곳이다. 빼놓을 수 없다. 부여의 도심 속 백마강을 옆으로 낀 부소산은 높이가 낮다. 고작 106m에 지나지 않는다. 봉우리는 동쪽과 북쪽으로 나뉘어 있다. 산세도 완만하고 유연한 인상이다. 백제와 관련된 지역을 다니면서 여러 번 느끼는 건 백제의 유물을 연상케 한다는 점이었다. '백제의 미소'라고 부르는 서산마애삼존불처럼 인자하고 부드러운 지세가 눈에 띈다. 부소산 역시 그랬다. 너른 들판 위로 불룩 솟아오른 것처럼 보이는 이 산으로 걸음을 옮겼다. 부소산성으로 나아간다. 이 산성은 1,400년 전 백제가 쌓은 토성을 기반으로 복원한 결과물이다. 멸망한 국가의 토성은 흘러내리고 망가졌을 것이나 이제는 제법 반듯한 모습으로 재구성해 놓았다.

　　백제가 이곳으로 수도를 옮긴 건 538년[백제 성왕]이었다. 현재의 공주에 해당하는 웅진은 백제 입장에서 아주 좋은 방어 요충지였다. 그러나 지역이 협소하다는 지리적 한계도 상존했다. 고구려의 위협으로부터 방어하기에 유리한 지역으로 선택한 것이 사비, 지금의 부여다. 천도를 이행한 이후로 123년간 백제는 마지막 영광의 시대를 보내게 된다. 사비 시대의 백제는 중국 남조 양나라와 교류가 잦았다. 이를 바탕으로 문화적으로도 고도의 발전을 이룬다. 그 흔적을 부소산 남쪽의 관북리 유적이 잘 보여준다. 부소산성과 관북리 유적의 고고학 조사가 이루어진 건 1980년부터다. 30년 이상 오랜 시간 동안 조사를 진행한 결과 대형 건물의 흔적이 드러났다. 사비성의 왕궁이었다. 그리고 이 왕궁은 부소산성과 이어져 있었다는 점도 알 수 있었다. 확실히 이 산성이 있는 일대는 백제의 마지막 기억을 간직한 자리였던 셈이다. 이토록 평화롭고 고요한 길 위에서 벌어졌을 그 옛날 전쟁의 불길이 치솟던 그날을 상상해 보았다. 한편으로는 마음이 무거워지기도, 또 한편으로는 세월의 무상함을 절감하게 된다.

싱그러운 숲 너머 낙화암

부소산성으로 들어가는 입구를 넘어 숲으로 들어섰다. 입구 안쪽부터 숲이 시작한다. 완만한 경사를 걸어 나무가 늘어선 그 안으로 들어선다. 아마도 부소산성을 와보았던 사람은 많을 것이다. 과거 부여는 수학여행지로도 주목받던 지역이었으니. 가족 단위 여행객도 꽤 많았다. 그러나 기억에 남는 건 대부분 백마강과 낙화암의 풍광이다. 그 사이에 숲이 있었는지, 어떤 모습이었는지는 대부분의 기억에서 사라졌다. 사실, 애당초 이곳을 여행하는 동안 눈여겨보지 않았다. 그래서 부소산성의 숲을 말하면 "거기 숲이 있었나?"라고 묻는 사람이 적지 않다.

　그러나 이곳을 다녀간 그 많은 사람은 아마도 몰랐을 것이다. 이 산의 이름이기도 한 '부소'가 백제 시대의 고어로 소나무를 지칭한다는 사실을 말이다. 부소산은 1,400년 전에도 푸른 소나무가 빼

곡하던 산이었다는 걸 그 이름이 보여준다. 그러니까 우리는 지금까지 부소산성을 다녀오면서 단 한 번도 그 산의 주인공을 눈여겨보지 않았다고 해도 과언이 아니다.

부소산의 소나무는 걷는 내내 시원한 그늘을 만들어 준다. 그 아래에서 바라보는 소나무는 싱그러운 생명력을 한껏 뽐내고 있다. 산의 주인공이 누구인지를 알고 나서 걷는 부소산의 길은 보이는 게 완전히 달라진다. 사실 이 산을 걷는 데는 적잖은 수고가 필요하다. 106m 높이의 낮은 산이라고 결코 얕볼 게 아니다. 산책로의 갈래도 여러 가지이고 산성의 입구에서 반대편 너머로 가는 데까지 천천히 걸으면 얼추 한 시간가량의 시간이 소요된다. 그 사이를 걸으며 여기에 이렇게 멋진 오솔길이 있었다는 데 적잖이 놀라게 된다. 인위적으로 반석을 깔아 보기 좋게 닦아둔 숲길도 있지만, 옛 토성의 잔재가 아닐까 싶은 둔덕을 따라 오르막과 내리막이 반복되는 구간도 있다. 그 곁은 여지없이 소나무가 지키고 있다. 해안가의 해송숲이나 다른 산성의 소나무숲에서 보았던 것과는 다른 이곳만의 고즈넉함이 물씬 느껴졌다.

부소산성의 안에는 삼충사, 군창지, 절터 등이 군데군데 자리하고 있다. 걷다 보면 한 군데씩 모습을 드러낸다. 그중에서도 이 산성을 찾는 모두의 목적지는 낙화암이다. 백제의 의자왕이 데리고 있던 삼천궁녀가 몸을 던졌다는 그곳. 그러나 가본 이는 안다. 그 바위는 백마강을 향해 몸을 던질 수 있는 위치가 아니다. 역사학자들도 그 이야기는 신라에 의해 조작된 허구일 것이라고 말한다. 어차피 역사는 승자의 전유물. 나라 잃은 유민을 포섭하기 위해 패자의 마지막에는 그렇게 군살이 붙는다. 만들어진 이야기는 천 년이 넘도록 구전으로 이어져 아직도 살아 움직인다. 어쩌면 백제의 마지막 지배자 의자왕은 지금도 억울해하고 있을지 모른다.

낙화암의 진실과는 별개로 부소산의 정점에 해당하는 사자루에서는 백마강의 전경이 파노라마가 되어 펼쳐지고 있다. 백제의

귀족들이 매일 이곳에 올라 하루의 국정을 돌아보았다는 말도 있는데, 그랬을 법한 운치가 있다. 유유히 흘러가는 백마강은 입가에서 말을 지운다. 이곳까지 오르는 동안 어느덧 해는 뉘엿뉘엿 오후의 따스함을 품고 하늘의 한쪽으로 기울어 가고 있었다. 이때쯤의 햇살에 물든 강의 아름다움은 무엇으로 설명할 수 있을까.

문득 낙화암 아래 고란사에서 염불 소리가 울려 퍼졌다. 스러져간 옛 왕국의 사람을 위로하듯이. 그 후로도 인간의 세상은 끊임없이 흥망성쇠를 거듭하고 있지만, 백마강은 여전히 유려하고 소나무는 푸르를 뿐이었다.

숲 정보	부여 부소산성 소나무숲
주소	충청남도 부여군 부여읍 쌍북리 산4
풍광	●●○○○
난이도	●●○○○
태그	#백제의마지막 #부소산 #낙화암

부여안방마님

외곽의 조용한 시골 마을에 있는 한옥 펜션이다. 1896년에 지은 한옥을 리모델링해서 오래된 가옥이 가진 아름다움을 살려 두었다. 내부에는 총 5채의 건물이 있다. 외양간이 있던 자리는 주방이 되었고 곳간은 별채로 다시 태어났다. 무엇보다 이곳의 가장 큰 매력은 회랑이다. 처마 아래로 만들어져 비가 오는 날에도 나름의 운치를 누리기에 충분하다. 주인장은 경기도 동탄에서 15년 넘게 한정식집을 운영하던 인물. 손수 만들어 내는 요리들도 훌륭하니 꼭 맛보고 오는 걸 추천한다.

주소 | 충청남도 부여군 규암면 흥수로590번길 17
전화 | 010-3837-3823

시골통닭

부여중앙시장의 한복판에 자리한 가게다. 부여에서는 모르는 사람이 없는 명물이다. 다른 지역에서는 보기 어려운 이 집만의 통닭이 인기인데, 무엇보다 바삭한 튀김옷이 일품이다. 이건 먹어 봐야 그 진가를 안다. 시중의 얇은 튀김옷과는 비교가 불가한 두툼한 튀김옷이 매우 바삭하다. 닭도 크다. 시골에서 흔히 보던 커다란 장닭까지는 아니어도 중닭 정도의 크기는 된다. 크기가 큰 닭은 분명 일반 치킨에서 느끼기 어려운 쫄깃함과 감칠맛이 있다. 소맥을 부르는 맛이니 조심할 필요가 있다.

주소 | 충청남도 부여군 부여읍 중앙로5번길 14-9
전화 | 041-835-3522

정림사지

부여 여행에서 반드시 들러야 할 곳이다. 이제는 사라진 정림사가 문화적 가치가 높은 곳이었다는 걸 잘 보여준다. 외부의 절터는 사적 제301호다. 사라진 옛 시간의 공허가 공간에서 잘 느껴진다. 정림사지 오층석탑은 사지의 백미다. 탑신의 선 하나하나가 기가 막힐 만큼 고혹적이다. 곁에 지어 놓은 박물관은 사라진 옛 시간을 첨단의 기술이 어떻게 되살려 주는지를 온몸으로 체험할 수 있다. 들어가서 나올 때까지 지루할 틈이 없다.

주소 | 충청남도 부여군 부여읍 정림로 83
전화 | 041-830-6836

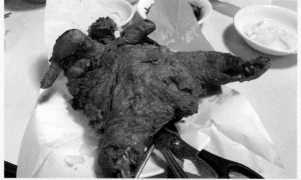

1 부여안방마님
2 시골통닭
3 정림사지

chapter 02

오렌지빛으로
물든
어느 날의 오후

공주 정안천 메타세쿼이아숲

충청남도 공주시 의당면 청룡리 918

이제는 정말 곳곳에서 메타세쿼이아를 본다. 뜻하지 않은 장소에서 만나는 경우도 많아졌다. 입소문을 타고 메타세쿼이아 명당이 유명해지는 경우도 늘었는데, 대표적인 곳이 공주의 정안천이다.

사철 다른 꽃이 피어나는 생태공원

메타세쿼이아가 늘어선 풍경이라면 단연 첫손으로 꼽는 건 역시 담양일 테다. 최근 그 길에서 사진이라도 찍으려고 하면 입장료를 내야 한다. 1인당 2천 원 정도라 크게 부담이 가는 수준은 아니다. 여러 이유에서 내린 결정이겠지만 내심 아쉬운 마음이 드는 건 어쩔 수 없다. 그런 아쉬움을 대신할 수 있는 곳을 찾으라면 제일 먼저 떠올리게 되는 곳이 공주 정안천의 메타세쿼이아숲이다.

정안천은 금강으로 흘러가는 지류, 조금 유식한 말로 하자면 금강수계에 해당하는 지방하천이다. 산성리와 문천리 경계에서 시작해 공주 시내의 신관동 금강 합류 지점까지 총 29.5km를 흘러간다. 이 과정에서 곳곳에 충적평야를 만들어낸다. 정안천이 흘러내려오는 곳곳의 지역에 붙은 보물앞들, 새보들, 백보들, 오인들, 수촌들 같이 '들'이 붙은 지명은 대체로 물길이 만들어낸 평야임을 보여주는 이름이다. 강의 본류가 아닌 지류는 물길이 크지 않은 편이다. 그래서 아기자기한 매력이 있다. 압도하는 그림보다 오밀조밀한 요소가 모여 한 폭의 그림을 만들어 내는 편이다. 정안천 생태공원이 딱 그런 장소다.

생태공원이 있는 이 땅은 원래 방치되다시피 하던 곳이었다. 과거에는 습지나 하천 주변 생태계에 큰 관심이 없었으니 그 중요성을 인지하는 사람도 많지 않았다. 그러던 중 2000년대 들어서 자연 생태가 가진 가치가 갈수록 두드러지기 시작했다. 우리 동네에 있는, 매일 보던 풀숲이 얼마나 소중한 것이었는지를 깨닫는 사람도 늘어났다. 그런 배경 속에서 2011년 정안천 일대를 공원화하는

움직임이 일어났다. 생태 환경을 살린 공원을 조성하면서 메타세쿼이아를 심은 것도 이때의 일이었다. 차도 곁 제방 위쪽으로 별도의 길을 만들고 나무를 심어 산책로를 만들었다. 하천변으로는 자전거 도로를 만들고 사시사철 서로 다른 꽃도 심었다. 이곳을 다녀간 사람마다 봄에 가야 한다, 여름에 가는 게 좋다 등등 서로 다른 의견을 내는 이유다. 가지에 싱그러운 초록빛이 물들어 올 때쯤 공원에는 튤립이 피어나고 꽃잔디가 만개한다. 여름에는 홍련과 백련이 각각 고운 꽃잎을 열고 우아한 향기를 피워낸다. 사계절 각기 다른 꽃과 풍경이 만들어지니 사람이 몰리는 건 당연한 일이다.

쉬어갈 만한 오후의 숲

주차는 편했다. 바로 근처에 주차장이 두 군데나 마련이 되어 있어서 쉽게 차를 대고 움직일 수 있었다. 메타세쿼이아가 심어진 가로수길은 담양의 길에 비해 아주 짧다. 500m 정도. 그 사이에 192그루가 자란다. 아주 잠시 들러 산책을 즐길 정도라고 생각하면 틀리지 않을 테다. 어쩌면 아쉽게 느껴질 수 있겠지만, 그런 감정은 이내 사라진다. 바로 곁으로 조성된 연지와 꽃밭. 그리고 사이사이에 놓인 또 다른 산책로와 자전거길이 이곳에 머물러야 할 충분한 이유가 된다. 그러니까 공주의 메타세쿼이아숲은 안쪽을 둘러보는 것만이 다가 아니다. 그 바깥의 풍경까지 보아야 제대로 즐겼다고 말할 수 있다.

숲 안쪽은 높다란 나무만이 자아내는 정경을 온전히 보여준다. 양쪽으로 늘어선 나무는 높이 솟아올라 터널을 만든다. 길 한복판에 서서 보는 그 모습은 평화롭기 그지없다. 조금은 찌푸려 있던 마음도 이 길 위에서는 사르르 녹아내릴 것 같은 풍경이다. 해가 나지막하게 내려온 늦은 오후, 길을 따라 걷는다. 나무 사이로 떨어지는 따스한 햇볕은 걸음을 내딛는 속도마저 느릿하게 만든다. 눈으

로 주워 담는 모든 풍경이 영화의 한 장면처럼 천천히 흘러간다. 오렌지빛으로 물든 모든 것이 그림 같다. 봄이나 여름에 찾아왔다면 길 아래로 화사한 꽃밭이 바람에 살랑살랑 춤을 추고 있었겠지만, 이미 9월에 접어들면서 그런 모습을 찾기는 힘들었다. 그럼에도 괜찮았다. 9월은 여름을 보내고 가을을 맞이하는 햇살이 있으니까. 성큼 다가온 가을은 그 햇살에 깃들어 있었고 온 세상을 가을의 것으로 바꿔가고 있었다.

숲길에서 벗어나 정안천 곁의 생태공원으로 내려갔다. 그 아래에서 보는 숲은 안쪽에서 보지 못했던 또 다른 아름다운 광경을 보여줬다. 마치 이탈리아 남부의 어느 시골 마을에서나 볼 수 있을 법한 나무의 행렬. 파란 하늘이 있어 그런 감성이 더욱 진하게 다가오는 듯했다. 연잎은 여름의 따가운 광선을 이기지 못하고 말라가고 있었다. 이제는 가을이 왔음을 받아들일 때가 됐다는 연잎의 신호처럼 보였다.

휴일을 맞아 이곳을 찾아온 사람들은 삼삼오오 한가로운 오후를 보내고 있었다. 한복을 예쁘게 차려입은 아이가 커다란 연잎을 주워 모자처럼 머리에 쓰고 다니는 모습도 보였다. 만화의 한 장면 같은 순간이다. 부모는 그 모습을 보고 깔깔 웃음이 터지고 연잎을 뒤집어쓴 아이는 촐랑촐랑 춤을 춘다. 바라보는 내내 좋았다. 숲도, 그 곁의 연지도 그리고 이 모든 걸 만끽하는 사람들도. 더없이 평화로운 여름의 끝 혹은 가을의 시작이다.

숲 정보	공주 정안천 메타세쿼이아숲
주소	충청남도 공주시 의당면 청룡리 918
풍광	●●●●○
난이도	●○○○○
태그	#정안천 #생태공원 #산책길

공산성

사비로 천도하기 전 공주는 백제의 수도였다. 당시 수도를 방비하던 백제의 요새다. 원래 웅진성으로 불렸으나 고려 시대 이후 공산성이라는 이름으로 바꿔 부르기 시작했다. 토성이었던 것을 지금처럼 석벽으로 둘러서 더욱 단단하게 다진 것은 조선 시대의 일이었다. 산성에 오르면 공주 시내를 지나가는 금강이 한눈에 담긴다. 해발 110m에 불과한 공산이 왜 요새로 낙점됐는지 단박에 이해할 수 있는 경관이다. 유유히 흘러가는 강물과 당당한 위용을 자랑하는 산성이 멋진 대비를 이룬다.

주소 | 충청남도 공주시 웅진로 280
전화 | 041-856-7700

무령왕릉

삼국시대의 고분 중 많은 수는 이미 도굴당한 것이 많았다. 온전히 그 형태와 부장물이 남아 있는 경우를 찾기란 매우 어려운 일이었다. 1971년 우연히 발견한 이 고분은 백제 시대의 모습과 손길이 고스란히 남아 있었다. 기적 같은 일이었다. 이곳을 발굴하는 과정에서 알려지지 않았던 많은 유물과 건축 기술을 확인할 수 있었다. 지금은 '송산리고분군'이라는 이름으로 보존되어 있으며 백제 문화의 정점을 보고 싶다면 반드시 거쳐 가야 할 유적지로 자리 잡았다.

주소 | 충청남도 공주시 왕릉로 37
전화 | 041-856-3151

솥뚜껑매운탕

몇 년 전 현지인의 소개로 이곳을 처음 찾았던 날을 잊을 수가 없다. 천변에 자리한 이 식당은 솥뚜껑에 매운탕을 끓여 내는데, 보는 것만으로도 입맛을 자극했다. 비주얼, 맛 모든 것이 찾아온 사람을 압도하는 곳이었다. 큼지막한 메기와 칼칼한 국물은 더할 나위 없이 훌륭한 조합을 이룬다. 이제는 너무나 유명해진 나머지 식사 시간이면 엄청난 인파가 몰려온다. 그럼에도 꼭 한 번은 다녀와야 할 공주의 이색 식당이다.

주소 | 충청남도 공주시 사곡면 아래안영골길 4
전화 | 041-841-7647

어씨네본가

공주의 금강은 원래 뱀장어가 많이 잡히기로 명성이 자자했다. 그래서 어부가 많았고, 강변에는 장어 전문점이 늘어서 있었다. 이 식당은 그때의 명맥을 잇고 있는 곳이다. 금강보가 생긴 이후로 이제는 뱀장어가 많이 잡히지 않지만, 다행히 공수할 수 있는 루트를 찾았다. 그 덕에 오래전 유명했던 금강의 뱀장어 구이를 아직 맛볼 수 있다. 직화로 구워서 먹는 장어는 토실토실하다. 이는 씹는 맛이 훌륭하다는 의미이기도 하다. 맛깔난 양념은 충청도의 손맛이 얼마나 훌륭한지를 잘 보여준다.

주소 | 충청남도 공주시 반포면 창벽로 714
전화 | 041-852-7372

1 공산성
2 어씨네본가

chapter 03

보랏빛 카펫이
깔린 방풍림

서천 솔바람 곰솔숲

충청남도 서천군 장항읍 장항산단로34번길 122-16

소수의 의견이 중요할 때가 있다. 모두가 아니라고 해도, 그 길이 맞는다면 소수의 의견을 과감하게 선택할 필요가 있다는 것. 그 작은 힘이 얼마나 큰 결과를 가져오는지, 서천 솔바람 곰솔숲이 보여주고 있다.

1만2천 그루를 살린 선택

한때 서천은 촉망받는 산업단지의 후보지로 주목받았다. 당시에 국가 차원에서 개발하는 공단이 생긴다는 건 지역이 먹고사는 일과 직결되는 일이었다. 서천 입장에서는 마다할 게 아니었다. 공업 도시로 재탄생하여 지역의 경제를 활성화할 기회였으니. 하루하루를 버티는 게 얼마나 버겁던 시절이었던가.

    문제는 그 부지가 서천의 곰솔숲이라는 점이었다. 이 숲은 1945년 장항농고 학생들이 조성한 곳이다. 방풍림으로 심은 소나무가 시간이 흐르며 거대한 숲을 형성하고 있다. 곰솔숲은 서천 읍내에서 20분 정도 떨어진 곳에 있다. 포구 일대의 번화가에서 약간의 거리를 두고 너른 해변과 너른 숲이 펼쳐진다.

    이 숲은 아름드리 소나무 1만2천 그루로 이루어져 있다. 1.8km에 걸쳐 폭 100m, 면적이 200ha$^{200만m^2}$에 달한다. 상당한 크기다. 한적한 데다가 경관마저 유려해서 누구나 반길 만하다. 애당초 이 자리에 숲을 조성한 건 해안사구를 보호하기 위함이었다. 소나무를 심어 모래의 유실을 막자는 의도였다. "지역이 먹고사는 일에 그깟 숲이 무슨 대수냐?"라고 주장하는 사람이 분명 있을 것이다. 하지만 서천은 그 숲을 지키는, 쉽지 않은 결정을 내렸다. 이런 선택을 내린 주인공은 서천의 주민이다. 물론 비난도 있었을 터. 그럼에도 서천의 주민들은 버텼다. 그리고 끝내 숲을 지켰다.

    곰솔숲이 있는 이 지역은 과거 오지 중 오지였다. 고려 시대에 유배지로 삼았을 만큼 동떨어진 곳이었다. 고려의 기록을 뒤지다

보면 이곳과 관련한 문구를 여기저기서 마주한다. '문신 두영철이 유배막을 지었다'는 구절이 눈에 띈다. 유배를 보낼 만큼 외딴곳이 었다는 걸 보여주는 문구다. 더불어 두영철은 '모래땅에 몸을 묻고 햇볕이 스며든 열기에 몸을 푼다'라고 적었다. 지방의 풍속을 읊은 〈풍요風謠〉라는 노래에 나오는 문장이다. 그는 이곳에서 모래찜질로 건강을 되찾았다고 써 놓았다. 그때도 이 일대의 해변은 모래찜으로 유명했던 모양이다. 실제 모래찜은 피로에 지친 몸을 회복하도록 돕고 신경통이나 관절염에 효과가 있다고 알려져 있다. 서천 장항 백사장의 모래는 미네랄 성분이 많고 질이 좋아 모래찜에 효과적이라는 설명도 있다. 지금도 매년 음력 4월 20일이면 '모래날'이라 하여 전국에서 모래찜을 하러 이곳을 찾아온다. 서천의 모래를 한낱 '모래 따위'라고 치부할 수 없는 이유다. 결과적으로 서천 사람들은 숲을 지킴으로써 이 일대의 모래를 지킨 것이었다.

자연과의 공존이 만들어낸 미래

예상하지 못했던 효과는 또 있다. 숲을 지켜냈을 뿐인데, 온갖 바다 생물이 모여들었다. 바다 가까이에 숲이 있어 생태계가 유지되면 바다의 자연도 호응한다는 걸 보여주는 사례다. 해변으로 몰려온 여러 생명이 산란하고 또다시 생명이 탄생한다. 이를 먹이로 삼는 다른 생명이 찾아오면서 사슬이 형성되자 바다도 훨씬 건강해졌다. 마치 순환의 고리처럼 육지에도 새로운 생명이 깃들었다. 계절마다 사계패랭이, 갯패랭이, 해국 같은 식물 600만 본이 새롭게 모습을 드러냈다. 숲을 지키고자 했던 서천의 노력은 청정한 생태계까지 지켜낸 결과를 낳았다. 수십 년이 지난 오늘에 와서 보자면, 결국 서천 주민의 선택은 현명한 것이었다. 돈으로 환산할 수 없는 생명과 미래의 가치를 지켜냈으니 말이다.

솔바람 곰솔숲 최고의 절경을 보고 싶다면 반드시 여름에 찾

는 게 좋다. 소나무 아래로 꽃을 피운 수십, 수백만의 맥문동. 여린 줄기에 매달린 꽃은 작지만, 수도 없이 많은 꽃이 일제히 꽃잎을 열어 보랏빛 카펫을 깔아 놓은 것 같은 장관을 이룬다. 이 모습을 보기 위해 1년을 기다렸다. 그 기대가 헛되지 않다. 누구나 탄성을 내지를 만한 광경이다. 무엇보다 이곳이 좋은 건 맥문동이 피어난 꽃밭을 가로질러 걸을 수 있도록 해 두었다는 점이다. 산책로가 잘 정비돼 있어 가볍게 숲을 만끽하기에 좋다. 수령 40~50년에 달하는 소나무 군락 사이로 들어가 보랏빛 카펫 곁을 걷는 느낌. 동화 속 한 장면에 들어온 것만 같은 기분이다. 걷다 보면 소나무 너머로 끝도 없이 펼쳐지는 바다가 보인다. 숲과 꽃과 바다가 한눈에 들어오는 이런 전경을 어디에서 또 볼 수 있을까. 알려진 게 많지 않은 서천군. 이곳에서 찾을 수 있는 숨은 보물이라면 단연 이 숲을 꼽을 수밖에 없다. 이렇게 환상적인 풍광을 어찌 사랑하지 않을 수 있단 말인가.

숲 정보	서천 솔바람 곰솔숲
주소	충청남도 서천군 장항읍 장항산단로34번길 122-16
풍광	●●●●○
난이도	●●○○○
태그	#여름의숲 #모래찜명소 #맥문동

국립생태원 에코리움

서천을 대표하는 생태관광지다. 열대관, 사막관, 지중해관, 온대관, 극지관 등 세계 5대 기후를 재현해 각 기후대에 서식하는 동식물 1,600종을 만날 수 있다. 생태계의 기본 개념을 배울 수 있는 상설 주제 전시관을 비롯해 한반도의 범과 여러 생태 환경을 주제로 하는 기획 전시관, 에코랩, 4D 영상관 등의 시설을 갖췄다. 더불어 야외에서도 다양한 자연의 모습을 만날 수 있다. 습지 생태를 관찰하는 금구리 구역, 한국의 기후대별 삼림 식생을 한자리에 만나는 하다람 구역, 한국 사슴류의 서식공간을 만들어둔 고대륙 구역 등 온종일 둘러보아도 보고 공부할 것이 넘치는 곳이다.

주소 I 충청남도 서천군 마서면 금강로 1210
전화 I 041-950-5300

국립해양생물자원관

국립생태원이 육지의 모든 생태 환경을 볼 수 있는 곳이라면 국립해양생물자원관 씨큐리움은 국내 유일의 해양생물 전문 박물관이다. 국립해양생물자원관은 원래 해양생물 주권 확보를 위한 해양바이오 글로벌 연구 기관이다. 무궁무진한 바다생물 자원의 이용 가능성을 극대화하고 해양생태계를 지키기 위한 전초기지라고 할 수 있다. 이곳에 마련된 씨큐리움에서는 바다의 미생물부터 대형 고래까지 온갖 해양생물을 만날 수 있다. 국내에서 유일하게 바다뱀을 관찰할 수 있는 바다뱀 연구소도 독특하다.

주소 I 충청남도 서천군 장항읍 장산로101번길 75
전화 I 041-950-0600

장항스카이워크

장항 솔바람 곰솔숲에서 해송숲이 주는 청량함을 만끽했다면 이번에는 숲 위로 올라가 탁 트인 멋진 풍경을 감상할 차례다. 숲과 바다의 경계면에 지은 장항스카이워크는 하늘 위로 올라가 숲과 바다 전체를 조망할 수 있는 전망대 역할을 한다. 위에서 보는 바다는 해변에서 보는 것과는 전혀 다른 감흥을 전한다. 서천을 여행하고 온 여행자들이 빼놓지 않고 추천하는 여행지다.

주소 I 충청남도 서천군 장항읍 송림리 산 58-48
전화 I 041-956-5505

원조큰길휴게실

김말이가 아닌 튀김 김밥으로 유명세를 치르는 곳이다. 지금은 다른 지역의 재래시장
에서도 이를 선보이는 분식집이 있지만, 서천의 이 가게는 30년 넘게 튀김 김밥을 팔
고 있다. 튀김 김밥의 원조는 이 집으로 봐야 한다는 의견이 상당히 많이 나온다. 사장
님은 어려운 형편에 시작한 작은 가게에서 미리 만들어 놓은 김밥이 상하지 않도록 일
부를 튀겼는데, 이게 떡볶이와 훌륭한 조합을 보이면서 이름을 날리기 시작했다. 이제
는 서천 장항읍의 대표 별미로 자리 잡았다.

주소 | 충청남도 서천군 장항읍 장항로 174
전화 | 041-956-0657

1 국립생태원 에코리움
2 원조큰길휴게실

chapter 04

150만
대전의 허파

대전 도솔생태숲

대전광역시 서구 도마동 산7 일원

도솔산을 일컬어 '대전의 허파'라고 부른다. 시내 복판에 자리하고 있는 데다 습지 보전지역인 갑천이 곁에 있어 많은 생명이 깃들어 사는 까닭이다.

봄날 기운 가득한 산행

들어서는 입구부터 봄기운이 가득했다. 꽃 잔치는 끝난 후였다. 어느새 푸른 이파리에서 여름이 물씬 느껴지는 시기였다. 진한 연둣빛이 온통 가득했다. 그럼에도 불구하고 곳곳에 아직 남아 있는 꽃이 시선을 잡아끌었다. 계절이 자리를 서로 바꾸기 전, 마지막으로 이 봄을 만끽하기에 도솔산은 안성맞춤의 선택이다.

서대전여고를 끼고 오른쪽으로 돌았다. 산으로 들어가는 입구가 그 안쪽에 있다. 충주 박씨 재실이 묵직한 존재감을 드러내는 그곳이 출발점이다. 이 건물은 대종중의 중심지이자 도동 서당으로 사용하기도 했던 장소다. 무생물인 건축물이지만 그곳을 이용하던 사람에 따라 완연하게 다른 느낌을 자아낸다. 유학으로 인재를 양성하던 이곳은 기품이 느껴지는 외형이다. 어떤 세월을 지나왔는지 한눈에 보인다.

도솔산의 면적은 400만m² $^{121만여 평}$ 규모다. 마을이 가까운 데다 고도가 높거나 너무 넓지 않아서 하루 날을 잡아 휘적휘적 다녀오기에 좋다. 대체로 이런 산은 공원의 느낌이 강하다. 대도시일수록 그런 경향이 강하다. 도솔산 역시 대전 시민들이 공원처럼 이용하는 곳인 듯했다. 도심에 있지만, 이 산에는 생태 환경이 잘 유지되고 있어서 생태숲이라고 부른다. 월평공원이라는 다른 이름도 붙어 있다. 숲길은 대체로 완만한 편이다. 급격하게 거슬러 올라가야 하는 구간이 드물다. 조금만 올라가면 이내 울창한 숲이 펼쳐진다. 숲 안쪽에는 메타세쿼이아도 보인다. 가로수가 아닌 숲속에서 자생하는 건 처음 본다. 군락이 크지는 않다. 단지 몇 그루에 불과하지만

이런 모습을 보면서 이곳의 생태 환경이 다양하다는 걸 보여주는 단면이 아닐까 하는 생각도 들었다.

오솔길을 따라 걷는 동안 봉분도 적잖이 보였다. 산이 나지막해서 접근성이 좋고 햇빛이 잘 드는 양지가 많아서 장지로 택한 사람이 많은 듯했다. 개중에는 제법 뼈대 있는 집안의 것인 듯한 묘도 있다. 크기도 크기지만 곁에 세워둔 공적비 같은 것이 눈에 띈다. 산 발치에서 보았던 충주 박씨 재실을 생각해 보면 이 일대는 아마도 그 가문의 선산으로 사용하고 있는 게 아닐까 싶다. 그런 풍경은 금세 시야에서 사라진다. 그 뒤부터는 본격적인 숲의 풍경이다. 길가에 돌탑도 보인다. 누가 만들어 둔 것인지는 모르겠으나 아마도 이 길을 오가는 많은 사람이 하나씩 돌을 올려 쌓은 것처럼 보였다. 이는 그만큼 도솔산을 찾는 사람이 많다는 걸 보여주는 광경일 것이다. 왜 이 산을 대전 시민들의 안식처라고 부르는지 알 것도 같았다.

하얀 별이 빛나는 등산로

산의 안쪽으로 깊이 들어가자 머리 위에서 하얀 별이 살랑살랑 바람에 흔들리고 있었다. 작은 꽃이 영락없이 별을 닮았다. 봄의 끝자락, 초여름이 다가왔음을 알리는 때죽나무의 꽃이다. 태양을 등지고 서자 가지 위에 만발한 꽃이 햇살에 빛났다. 하얀 꽃은 송이째 땅으로 떨어졌다. 발치에 점점이 떨어진 곳은 마치 땅 위에 별이 박힌 것처럼 보인다. 계절이 바뀌고 있다는 걸 이런 장면에서 체감하게 된다.

한 시간 남짓 걸어서 도솔산의 정상을 넘어 반대편으로 넘어간다. 길게 대지를 가로지르는 갑천이 모습을 드러냈다. 도솔산이 생태공원의 역할을 할 수 있는 건 이 갑천의 존재가 있기 때문이다. 숲과 물길이 만나는 지점에는 수달, 삵, 큰고니 같은 멸종위기종 5종과 원앙, 황조롱이 등 천연기념물 4종이 서식하고 있다. 이 둘레에만 법적 보호종 13종과 더불어 700종의 동식물이 살고 있다는 담

당 행정기관의 조사 결과도 있다. 그런 귀한 생명도 직접 보고 싶었으나 쉬이 눈에 띄지는 않는다. 자연은 시간을 오래 두고 관찰하는 이에게만 본래 면모를 보여준다. 이번에는 도심 속 자연에 많은 시간을 할애할 수 없다는 게 안타까웠다. 그럼에도 눈에 들어오는 것들은 모든 것이 아름다웠다. 대전의 도심에서 이런 초록빛을 만난다는 것만으로도 충분히 만족스러웠다.

숲길을 걷던 중에 안타까운 이야기도 들을 수 있었다. 이 숲은 도심에 위치하여 늘 개발의 위험이 상존한다고 했다. 복지라는 명분으로 이 산을 개발하려는 행위가 지속적으로 시도되고 있다는 것. 자본의 논리와 인간의 편의가 우선시될 수밖에 없는 도시에서 자연을 있는 그대로 지킨다는 건 무척 힘겨운 싸움이다. 개발을 업으로 삼은 사람은 끊임없이 개발해야 먹고살 수 있을 테다. 한 번 결정한 개발은 쉬이 이루어지지만, 추후 이를 되돌리기는 쉽지 않다. 무분별하게 자연을 인간의 손으로 갈아엎는 일을 신중하게 결정해야 하는 이유다. 우리는 그런 사례를 이미 숱하게 목격해 왔다. 다행히 대전 시민들은 이런 개발의 압력에 맞서서 여러 노력을 기울이고 있다.

도솔산을 한 바퀴 돌아 다시 시작점 근처로 돌아왔다. 도솔산의 유명 사찰인 내원사로 향하는 갈림길이 나왔다. 곁길로 빠져나와 10분쯤 걸었다. 멀리 절이 보였다. 바람에 흔들리는 풍경소리가 마음을 편안케 한다. 나뭇가지의 사락거리는 소리. 천변을 따라 피어난 노란 붓꽃의 군락. 숲의 모든 것이 저물어 가는 늦은 오후 사람의 오감을 자극한다. 도심 한복판에 살아 숨 쉬는 생명의 향연이 펼쳐지고 있었다.

숲 정보	대전 도솔생태숲
주소	대전광역시 서구 도마동 산7 일원
풍광	●●○○○
난이도	●●○○○
태그	#도심속숲길 #월평공원 #갑천

사리원 본점

대전에서 노포를 이야기하는 데 있어 빼놓으면 안 될 집이다. 대전의 유명 평양냉면 전문점으로 알려져 있지만, 더 정확히 말하자면 이곳은 황해도식 냉면집이다. 사리원 이라는 지명이 황해도에 속해 있다는 사실을 상기해 봐도 이곳의 냉면은 황해도식으 로 분류하는 게 맞다. 황해도식 냉면은 육수에 간장을 더해 간을 맞추는 게 특징이다. 감칠맛이 더 느껴진다. 1951년 사리원에서 피난을 온 김봉득 씨가 문을 열었고 지금 은 4대를 이어 김래현 씨가 운영 중이다. 불고기, 갈비탕 등 다른 메뉴도 훌륭하지만, 소고기 김치 비빔이 별미다.

주소 | 대전광역시 서구 둔산로31번길 77 사리원빌딩 2, 3층
전화 | 042-487-4209

진로집

대전을 대표하는 노포 중 하나. 원래 대전은 칼국수와 두루치기가 유명한 도시였다. 중구 대흥동의 진로집은 두부두루치기라는 음식으로 수십 년간 손님의 입을 사로잡은 명물이다. 1969년에 문을 열었는데, 지금도 저녁이면 손님이 바글바글하고 빈 자리 찾기가 어려울 지경. 진정한 으뜸은 시대와 유행을 따지지 않는다는 걸 보여주는 것 만 같다. 칼칼하지만 담백해서 술 안주로 좋고 술 없이 밥만 먹어도 맛있는 대전의 맛. 이외에도 오징어두루치기, 두부전, 두부+오징어, 오징어찌개 등을 메뉴로 올려 두었다.

주소 | 대전광역시 중구 중교로 45-5
전화 | 042-226-0914

한식파인다이닝 담

파인 다이닝은 수준 높은 요리를 맛보는 고급 식사를 의미한다. 요리사라면 누구나 자 기가 갈고닦은 솜씨를 마음껏 뽐낼 수 있는 파인 다이닝을 운영하고자 하는 꿈을 꾸기 마련이다. 근래에는 한식을 기반으로 하는 한식 다이닝도 유행이다. 수도권이 아닌 지 역에서 이런 다이닝 문화를 찾아보기란 상당히 어려운 일이다. 그러나 대전에도 최근 젊은 요리사들이 합심해서 한식 다이닝에 도전장을 내밀었다. 담이라는 이름의 이 레 스토랑은 전국의 지역별 음식 재료를 자기만의 관점으로 풀어서 손님에게 내어 준다. 탁월한 실력을 갖췄다는 평가를 얻고 있는 가게다.

주소 | 대전광역시 서구 용소로 58번길 31, 1층
전화 | 042-721-6667

1 사리원 본점
2 진로집
3 한식파인다이닝 담

4. 경상도

chapter 01

나를 깨우는
30분의 산책

부산 구덕문화공원 명상의 길

부산광역시 서구 서대신동 3가 산18-1일대

부산은 보물창고 같은 도시다. 어지간하게 둘러보고 다녔다고 생각했는데, 생각지도 못한 자리에서 보물 같은 공간을 꺼내 보여준다. 제법 가파른 대신동 산자락의 편백숲도 그랬다.

도심 곁 빽빽한 편백림

부산은 운전하기 참 까다로운 동네다. 부산 사람들의 운전 스타일도 그렇지만 길도 호락호락하지 않다. 내비게이션을 보면서 운전해도 까닥 잘못하면 길을 잘못 들어서서 엉뚱한 방향으로 가 버린다. 그래서 늘 긴장 속에 운전해야 하는 도시다. 그 도심을 뚫고 대신동 방향으로 접어들었다. 비탈진 길을 따라 굽이굽이 올라가며 '이런 곳에 공원이 있을 수 있을까?' 생각하던 그때쯤이었다. 내비게이션이 도착을 알렸다. 이런 곳에? 공원이? 심지어 S자로 급격하게 길이 휘어 돌아가는 그 중간이었다. 고개를 돌려보니 위쪽으로 커다란 글씨가 보인다. '딱! 살기 좋은 도시 서구, 구덕문화공원'. 그래, 부산은 원래 이런 도시였다. 산비탈을 따라 집이 들어서고 골목이 만들어진 곳. 도저히 버스가 돌아나갈 수 없을 것 같은 그곳으로 커다란 버스가 곡예하듯 움직이며 사람을 실어 나르는 도시.

이 공원은 서구의 구덕산 자락에 있다. 해발 565m로 매우 높다고 할 수는 없지만, 그 경사를 그대로 살려 도로를 만들고 거주지를 개발한 덕에 체감상 훨씬 높고 가파른 산처럼 느껴진다. 이 산은 부산의 등줄기인 금정산맥^{낙동정맥}의 말단부다. 확대해서 보면 소백산맥부터 흘러내리는 낙동정맥이 부산 동북부의 금정산으로 이어져 마지막으로 이 일대에서 끝자락을 형성한다. 그래서 주변에 산이 많다. 북동쪽에 엄광산, 남서쪽에 시약산. 남동쪽으로는 부산 지역에 굉장히 중요한 기반 시설이 되는 보수천의 발원지가 자리한다. 여기에서 나오는 물줄기가 부산 최초의 급수원인 구덕 수원지가 된다.

구덕산 중턱에 지금의 공원을 조성하는 계획은 2004년부터 시작됐다. 원래 편백숲 주변은 불법 경작지였다. 숲의 존재와 효용성을 알아본 민간 사업자가 위락시설로 이 일대를 개발하려는 계획을 수립하기도 했다. 이에 구청이 나서서 이곳에 수목원을 만들기로 한 것. 당시의 수목원은 지금의 산책로 일대를 지칭하는 것이었다. 그 뒤 2009년에 박물관, 전시관, 체육 시설 등이 더해지면서 종합적인 편의시설을 갖춘 문화공원으로 완벽히 거듭나게 됐다.

공원 주차장을 지나 편백숲을 찾아 길을 나섰다. 산책로의 입구에 서니 저 멀리 바다가 보인다. 부산역 뒤편 부산항만 방향이다. 시민이 거주하는 공간, 산 중턱에 오르면 이렇게 바다가 가깝게 보인다는 건 부산이 가진 매력이다. 이제 숲으로 들어갈 때다. 밖에서 보기에는 여느 등산로와 다를 바 없어 보인다. 이 안에 그 많은 편백나무가 있으리라는 생각도 들지 않는다. 이곳이 편백림으로 향해 가는 길이라는 걸 알 수 있는 단서는 오직 숲 입구에 써 놓은 '편백숲 명상의 길'이라는 이정표뿐이다. 그만큼, 이곳은 전혀 특별할 게 없어 보였다.

삶의 고단함을 씻어 주는 향기

이 산책로는 인근 주민이 이용하는 산책로이자 운동 코스인 듯했다. 사진을 찍으며 숲으로 들어서는 내내 곁으로 사람들이 오간다. 입구부터 오솔길 안쪽으로 쭉 야자 매트가 깔려 있어 폭신폭신한 촉감을 만끽하며 걷는다. 사람 중 많은 수는 입구에서부터 신발을 벗었다. 맨발로 숲길을 걷는 걸 즐기는 이가 생각보다 많았다. 야자 매트가 깔려 있으니 한층 걷기에 좋은 여건이기도 하다. 그들의 뒤를 따라 안쪽으로 들어갔다. 역시나 풍경은 일반적인 산속 오솔길의 그것이다. 10여 분 걸었을 때쯤, 앞쪽으로 늘씬하게 뻗은 침엽수가 하나씩 모습을 드러냈다. 좁은 산길이 굽이굽이 돌아서 코너를

돌아나가는 순간 경치가 급격하게 변하기 시작했다. 시선의 앞쪽으로 너른 침엽수림이 늘어섰다. 이쪽과는 전혀 다른 분위기의 숲이다. 처음 보는 사람이라면 "이게 뭐야?" 소리가 절로 나올 만했다.

편백나무 군락이 있다는 이야기는 들었어도 밖에서는 이런 광경을 예상하기 어려웠다. 그 탓에 이렇게까지 빽빽한 편백숲이 나올 거라고는 생각지 못했다. 수백 그루의 편백나무가 수백 개의 가시처럼 하늘을 향해 뻗어 있는 모습이 이질적으로 느껴지기까지 하다. 심어둔 뒤 간벌을 많이 하지 않은 것인지 나무 사이의 거리도 아주 가까웠다. 편백림이 매우 빽빽하다고 느낀 건 그 때문이었다. 이 오솔길은 그 군락의 사이로 나아가도록 만들어져 있었다.

편백나무 군락은 수령도 적지 않아 보였다. 소나무와 달리 이런 침엽수는 보는 것만으로 나이를 가늠키가 쉽지 않다. 익숙하지 않아서다. 다만 높이로 그 정도를 가늠해 볼 뿐이다. 확실한 건 이미 70년 넘는 세월을 이 자리에서 보냈다는 점이다. 그 근거는 이 숲을 조성하던 당시의 기록이다. 여기에 편백나무를 가져다 심은 건 일본인이었다. 그가 누구인지 정확한 신원은 찾지 못했다. 그러나 일본에서 그가 가져다 심은 이 나무는 해방 이후에도 살아남아 지금에 이르렀다. 그 결과 나무의 키는 5m가 넘게 자랐다. 가슴둘레도 20cm가 넘는다.

편백나무가 가진 최고의 덕목은 역시 피톤치드다. 피톤은 식물, 치드는 죽인다는 의미다. 다시 말해 해충이나 바이러스 등의 병충해에서 나무가 스스로를 지키기 위해 뿜어내는 살균 물질이다. 해충은 물론 곰팡이, 병원균, 미생물까지 해가 될 수 있는 대상에 효과를 발휘한다. 주성분은 테르펜이라고 부르는 것이다. 이것이 우리로 하여금 특유의 상쾌함을 느끼도록 만들어 준다. 심리적인 안정감과 말초 혈관, 심폐기능 강화 등의 부수적인 효과도 기대할 수 있다. 편백나무 군락지를 걷는 동안 피톤치드의 상쾌한 향이 은은하게 느껴진다. 숲을 즐겨 찾게 되는 데는 이 향도 크게 한몫한다고

해도 과언이 아니다. 심지어 천식이나 아토피와 같은 질환에도 효과가 있다고 하니 숲을 걷는 일을 마다할 이유가 없다.

워낙 빽빽하게 자라고 있어 그 수는 많지만, 편백림 자체는 면적이 그리 넓은 편은 아니다. 편백나무 구간을 통과하는 데는 보통의 속도로 채 10분이 걸리지 않는다. 중도에 구덕산 정상으로 올라가는 갈림길이 나오기도 하지만, 공원으로 일주하는 방향을 택한다면 대략 30분 정도. 아주 잠깐 산책을 즐기기에 적당한 수준이다. 이곳에 '명상의 길'이라는 이름을 붙인 서구청의 의도대로 걸음걸음에 집중하며 명상을 즐기는 것도 좋겠다. 도란도란 이야기를 나누든, 나에게 집중하는 시간을 가지든, 이 길은 그 자체로 부산 시민에게 선물 같은 존재다. 일상에서 쌓아둔 한숨과 피로와 고민을 털어버리기에 이만한 숲이 있다는 건, 그리 흔하게 누릴 수 있는 것 아니니까 말이다.

숲 정보	부산 구덕문화공원 명상의 길
주소	부산광역시 서구 서대신동 3가 산18-1일대
풍광	●●●○○
난이도	●●●○○
태그	#도심속쉼터 #구덕산의보물 #명상의길

깡깡이예술마을

부산의 영도는 한국 최초의 조선소가 있던 곳이다. 부산항 개항 이후 일본 어부들은 부산 근해까지 진출해서 고기를 잡았다. 자연스레 영도는 어업의 중심지가 되었고, 배를 수리하거나 건조하는 산업이 발달했다. 100년이 훌쩍 지난 근래 들어 영도는 조선업이 쇠퇴하면서 점점 황폐해져 갔다. 그 자리에 문화예술을 더해 도시재생을 시도했고 지금은 영도가 부산에서 가장 주목받는 여행지다. 깡깡이예술마을은 그렇게 되살아난 영도의 얼굴이다. 골목을 걸어 여행하면서 예술 작품을 만나고 옛 시간의 흔적을 되짚는 재미가 쏠쏠하다.

주소 | 부산광역시 영도구 대평북로 36
전화 | 051-418-3336

마라톤집

60년 이상의 역사를 가진 부산의 대표 노포다. 과거 부산 직장인이 하루의 노고를 달래던 술집이었다. 1960~70년대의 문화를 아직도 간직하고 있는데, 메뉴의 이름에서 이런 면모를 그대로 드러낸다. 대표 메뉴는 마라톤과 재건이다. 마라톤은 각종 해산물과 채소를 달걀에 비벼 부쳐낸 부침개다. 손기정 선수가 받았던 올림픽 금메달을 추억하며 '마라톤 합시다'라고 외치던 게 그대로 메뉴의 이름이 됐다. 새마을운동 당시 유행했던 '재건합시다'라는 구호는 해산물과 채소를 넣어 볶아낸 해물볶음의 이름이 되어 지금도 '재건'이라고 부른다.

주소 | 부산광역시 부산진구 가야대로784번길 54
전화 | 051-806-5914

용광횟집

보수동 일대는 헌책방이 모여 있는 책방골목으로 유명하다. 주변은 일제 강점기부터 번화했던 도심이었다. 현재는 군데군데 예전의 향수를 자극하는 공간이 살아 있고, 곳곳에 유서 깊은 식당이 있다. 용광횟집은 배에서 바로 잡은 생선을 잡아 바로 숙성시킨 선어회를 전문으로 하는 선어회 전문점이다. 부산 내에서도 선어회로는 첫손에 꼽을 만큼 훌륭한 맛을 자랑한다. 이곳에서는 회를 먹을 때 초고추장에 미나리를 듬뿍 넣어 함께 먹는 게 특징이다. 미나리의 향긋한 향과 부드러운 선어회가 독특한 풍미를 자아낸다.

주소 | 부산광역시 중구 보수대로106번길 35
전화 | 051-255-6859

1 깡깡이예술마을
2 마라톤집
3 용광횟집

chapter 02

깨달음의 경지처럼 자유롭게

양산 통도사 무풍한송길

경상남도 양산시 하북면 통도사로 108

여기에 이런 숲이 있었다는 걸 예전에는 왜 몰랐을까. 기이할 만큼 제멋대로 자라난 소나무가 길 위에 한가득이다. 어느 한 그루가 그랬다면 그 녀석이 이상하게 보였겠지만, 전체가 다 그러하니 이건 이 숲의 가풍이라고 할 수밖에.

바람이 춤을 추는 숲

한국에서 가장 중요한 사찰이라면 아무래도 삼보사찰이라 부르는 세 곳을 최고봉으로 치는 게 맞을 것이다. 삼보사찰은 세 가지 보물을 상징하는 세 곳의 사찰을 칭한다. 합천 해인사, 순천 송광사 그리고 양산 통도사다. 이유는 익히 알려진 대로이다. 해인사는 팔만대장경이라 부르는 고려대장경을 모셔두었기에 부처님의 가르침을 전하는 법보사찰이다. 송광사는 인천人天의 스승이 될 스님을 양성하는 곳이다. 승보사찰이라고 부른다. 마지막 통도사는 부처님을 상징하는 공간이다. 부처님의 진신사리를 모셔둔 금강계단이 있기 때문이다. 금강계단은 '깨지지 않는 계율'을 상징한다. 계율을 지키며 수행을 이어 가는 한 부서지지 않는 부처의 씨앗은 자라기 마련. 목숨을 걸고 수행에 매진하는 출가자가 비로소 계율을 받아 스님으로 인정받는 자리가 바로 금강계단이다.

643년신라 선덕여왕 12 자장율사는 석가모니의 사리와 가사, 대장경 400함을 모시고 당나라에서 돌아왔다. 불교국가인 신라에 있어 이는 보물 중의 보물이었다. 부처님의 사리를 어디에 모실 것인지는 매우 중요한 일이었고, 고심 끝에 통도사를 세우기로 한다. 그러니까 이 절은 개산 당시부터 규모가 매우 큰 사찰이었던 것이다. 불교국가에서 부처님의 진신사리를 모신다는 건 굉장한 의미를 지닌다. 깨달은 자이자 불제자 모두의 스승이 이 자리에 있다는 것과 마찬가지의 상징성을 가지기 때문이다. 출가의 길에 들어서는 이가 통도사의 금강계단에 모여 부처님의 제자로서 엄정한 계율을 받아

지키겠다고 선언하는 건 그래서다.

　　통도사가 자리하고 있는 산의 이름은 영축산이다. 이 이름도 범상치 않다. 원래 영축산은 인도에 있는 곳으로 석가모니 부처님이 생전에 대중에게 설법하던 장소로 유명하다. 부처님은 이곳에서 불교의 그 많은 경전 중 가장 어려운 정수를 담았다는 화엄경을 설했다. 그래서 인도불교에 있어 영축산은 성지 가운데 하나로 자리하게 된다. 똑같은 이름의 산이 양산에도 존재한다. 알려져 있기로는 두 산의 생김새가 비슷해서 그리했다고 전한다. 인도의 영축산에는 불교 최초의 사원인 죽림정사가 있었다. 양산의 영축산에는 통도사가 있다. 산의 생김새도 생김새겠지만 더 중요한 속내는 따로 있는 게 아닐까. 어쩌면 오래전 신라인들은 통도사가 죽림정사처럼 만인에게 법을 전하는 중심지가 되길 바라며 이 산에 그 이름을 붙인 건 아닐까. 상상에 불과하지만 왠지 그럴듯해서 기분이 썩 나쁘지는 않다.

　　통도사를 중심으로 영축산 전체에는 과거 엄청나게 많은 크고 작은 절과 암자가 빼곡하게 들어섰다. 한국불교가 이 산을 중심으로 커다란 꽃을 피우던 시절의 이야기다. 지금은 그 많은 수가 확 줄었다. 그럼에도 옛 영광의 흔적은 여기저기에서 보인다. 그래서 영축산을 자꾸만 찾게 된다. 그 관문이 되는 길이 '바람이 춤을 추는 소나무숲' 무풍한송길이다.

발로 걸어야 보이는 진면목

그렇게 몇 번을 다녔음에도 이 길을 걷는 건 처음인 듯했다. 당연히 이 길에 늘어선 소나무를 유심히 본 것도 처음이다. 늘 차를 몰아 절 아래까지 들어가 버렸다. 차도는 별도로 난 길에 마련돼 있다. 그러니 이 기이한 풍광을 볼 기회가 없었던 게 당연하다.

　　바람이 춤을 춘다. 누가 붙인 것인지는 모르겠으나 감탄이 절

로 나오는 작명이다. 바람이 불 때마다 소나무 가지가 흔들리는 모습이 절로 머리에 그려진다. 하물며 이처럼 가로누운 소나무가 늘어선 길에서야. 이 경치를 무어라 표현해야 할까. 지금까지 수많은 소나무 밭을 보았음에도 이만큼 자유분방한 소나무들은 본 적이 없다. 제멋대로다. 보통은 곧게 자란 녀석들 사이로 간혹 모로 누운 것이 하나쯤 보이는 정도인데, 여기는 반대다. 보통 모로 누웠고 아주 가끔 곧게 뻗어 있다. 인위적으로 이렇게 만들고자 해도 그리되기 힘든 수준이다. 이건 전적으로 자연이 만들어낸 작품이다. 이렇게밖에 설명할 길이 없다. 그렇다고 이 길에 바람이 무척 거센 것도 아니다. 통도사로 오르는 길은 양쪽으로 늘어선 산자락 가운데 계곡을 따라 만들어져 있다. 바람의 손길도 아니고 사람의 손길도 아니니 그냥 저 녀석들이 자기 자라고 싶은 대로 자란 게 맞을 테다.

크기도 크다. 몇십 년의 세월로는 어림없는 키를 가졌다. 그만큼 오래도록 이 자리를 지키며 자기 본성대로 자란 숲이다. 그저 걸어 지나가고자 하면 대수롭지 않았을 이 길이 카메라를 들자 전혀 다르게 다가온다. 한 걸음 걷고 고개를 돌리면 새로운 조형이 숲에서 드러난다. 걷다가 찍다가를 반복하게 된다. 소나무가 늘어선 길은 고작 해봐야 1km 남짓이다. 10분 정도면 충분히 걸어 올라갈 이 길을 카메라를 든 채로 30분도 넘게 걸었다. 곧이라도 머리 위로 쓰러질 것처럼 누워버린 나무는 위태로워 보이기까지 하다. 그럼에도 카메라 뷰파인더 안에 담고 보니 꼭 그렇지도 않다. 허릿심이 좋은 저 녀석은 그냥 저렇게 지내는 게 좋은 거다. 두 발로 걸어 보니 비로소 알겠다. 이 길은 그래야만 진면목을 보여주는 숲길이다.

문득 그런 생각이 들었다. 서당 개 삼 년이면 풍월을 읊는다더니 절집 곁에서 셀 수 없이 오랜 시간 커온 나무는 절의 선풍禪風마저 따라가는구나. 계율은 엄해도 자유로움을 찾고자 하는 게 선 수행의 본질이다. 우리의 존재는 과연 무엇인가. 우리는 누구인가. 우주란 과연 무엇인가. 그 답을 알고 나면 한없는 자유를 되찾는다고

했다. 그것이 부처님이 설한 진리의 요체라고 했다. 그렇다면 저 나무들은 깨달음이란 것을 얻은 것인가. 자유로움을 얻은 나무란 말인가. 여기까지 생각이 미치자 기분이 묘해졌다.

이 숲은 바람이 춤을 추고 자유를 온몸으로 보여주는 나무가 자라는 곳인지도 모른다. 제멋대로 구불구불 자란다고 욕하지 말라. 보기 좋게 포장하고 입에 단 소리를 머금은 채 한 생 내내 남을 속이고 나를 속이는 것보다야 저 나무의 깨달음은 훨씬 소중하니. 아, 통도사에 닿지도 않았는데 이 산은 오늘도 이렇게 한 가지를 가르쳐 준다.

숲 정보	양산 통도사 무풍한송길
주소	경상남도 양산시 하북면 통도사로 108
풍광	●●●●●
난이도	●●○○○
태그	#3대사찰 #소나무숲 #자유로움

chapter 03

귀가 즐거운
가야산 오솔길

합천 가야산국립공원 소리길

경상남도 합천군 가야면 구원리 산1 일원

해인사는 합천의 얼굴이다. 그만큼 국내외에 잘 알려진 관광지다. 해인사를 들렀다면, 꼭 걸어볼 길도 있다. '소리길'이라 이름 붙인 코스다.

자연의 오케스트라가 함께하는 길

소리길을 처음 갔던 건 2013년경이었다. 해인사 백련암에서 있었던 성철 스님 관련 행사를 취재하러 갔던 길에 선배 기자들과 잠시 걸었던 기억이 있다. 그때만 해도 계곡을 걷는 것에는 별반 관심이 없던 시절이었다. 자연히 그 길이 어떤 길인지, 어떤 아름다움이 있는지 전혀 알지 못했다. 최근에 와서야 소리길이라는 곳이 다시 눈에 들어왔다. 이제 와 보니 소리길은 한번쯤 걷고 싶은 마음이 일게 하는 곳이었다.

　　떠나기 전 소리길에 대해 자료를 살폈다. 이 길은 2011년 대장경 천년 세계문화축전을 맞아 복원한 홍류동 계곡의 옛길이다. 소리길이라는 명칭이 붙은 것은 계곡이 가진 생명력 때문이다. 걷는 내내 계곡 곳곳에서 온갖 자연의 소리가 함께한다. 물 흐르는 소리가 끊임없이 이어지고, 그 위로 새들이 지저귀는 소리며 바람에 흔들리는 나뭇가지의 소리 같은 게 귀를 즐겁게 한다. 자연이 연주하는 오케스트라 협연이 펼쳐지는 곳이 소리길이다.

　　소리길의 백미는 홍류동이다. 이름에서도 느껴지듯 이 계곡이 가장 아름다운 계절은 가을이라고 알려져 있다. 지난가을 합천 여행을 생각했던 이유다. 하지만 여러 이유로 떠나기 쉽지 않았고, 결국 가을이 다 가도록 소리길을 가지 못했다.

　　아쉬움이 가득했지만, 마음이 있다면 기회가 오기 마련. 생각지 않게도 겨울에 이 길을 걸어볼 기회가 생겼다. 합천 전역에 대한 취재 차 합천에 며칠간 머무르며 여기저기를 둘러볼 일이 생겼는데, 합천의 주요 관광지인 소리길을 빼놓을 수 없었다. 취재 첫날부

터 소리길을 찾았다. 비록 아름다운 가을의 색이 계곡을 수놓은 계절은 아니었지만, 기대하지 않았던 숨겨진 절경이 그곳에 있었다.

해인사는 합천에서도 가장 북쪽에 위치한다. 가야산을 경계로 거창과 성주를 이웃한 모양새다. 그래서 합천 여행 중에 해인사를 보려면 시간을 내어 이동해야 한다. 소리길은 해인사로 들어가는 길목을 따라 만들어져 있다. 예전에는 차량이 다닐 수 있는 차도가 만들어지기 전, 해인사를 오르려면 반드시 이 길을 거쳐야만 했을 것이다. 총길이는 7.3km, 4개의 구간으로 나뉜다. 가장 아래 각사교부터 가장 위의 영산교와 해인사 구간까지 이어진다. 각사교의 건너편은 근래 합천에서 가장 각광 받는 '대장경 테마파크'다. 이곳에서 시작해 제일 위의 해인사까지 걸어서 올라가는데, 그 사이에 가야산 19경 중 16경이 이 길 위에 놓여 있다.

얼음 아래 겨울의 소리

일정상 전체 코스를 다 걸을 수는 없었다. 해는 이미 가야산 너머로 뉘엿뉘엿 저물어 가는 시간이었다. 그래서 소리길 중에서도 가장 핵심이 되는 홍류동 계곡 구간만 걷기로 했다. 농산교를 지나 길상암까지 이어지는 구간이다. 합천은 눈이 잘 오지 않는 지역이라고 했다. 합천이라는 지대를 지리산에서 뻗어 나온 산맥이 에워싸고 있는 분지 지형이어서 서쪽에서 몰려오는 눈구름이 좀처럼 지리산을 넘지 못하는 탓이다. 기온이 내려가면 춥기는 해도 눈을 만나기는 쉽지 않은 곳. 하지만 이곳에 며칠 전부터 눈이 내렸다고 했다. 계곡은 곳곳에 아직 녹지 않은 눈이 남아 있었다. 눈 내린 홍류동을 만나는 건 쉽지 않은 행운. 알록달록한 가을보다 더 귀한 풍경이니 말이다.

계곡 아래는 꽁꽁 얼어 있었다. 예년과 달리 유난히 한파가 심했던 겨울답게 물 흐르는 모습을 찾기 어려울 만큼 전체가 하얗게 언 모습이다. 그 모습도 마음을 흔들기에는 충분했다. '홍류동의 백미는 가을'이라던 이야기를 정정해 주고 싶을 만큼 매혹적이었다. 평소 같았으면 이 길을 찾아온 이로 북적였을 길이기에 인적 드문 풍경이 그만큼 더 좋았다. 홍류동 계곡이 마치 "나의 진가를 온전히 보려면 가을이 아닌 겨울에 오라."고 온몸으로 말하는 것만 같았다.

색색의 물감이 빠진 골짜기는 수묵담채화가 되어 눈에 담겼다. 오래 보아도 질리지 않는 광경. 가만히 계곡을 감상하고 있자니 온갖 소리가 귀에 날아와 닿는다. 봄에서 가을까지는 절대 들을 수 없는 소리다. 둔탁하게 '뚝'하는 소리가 나더니, 몇 걸음 움직이면 얼음 아래로 '쪼르륵' 흐르는 소리가 발길을 붙잡는다. 홍류동 계곡의 겨울 소리는 걸음을 멈추게 하는 힘이 있었다.

이게 다가 아니다. 다리 위에 올라 계곡을 내려다보면 하얗게 얼어붙은 계곡물이 기기묘묘한 무늬를 그리고 있다. 마치 하얀 화선지에 옅은 먹물을 툭툭 던져놓은 것만 같다. 그린 이도 예상하지 못한 우연의 결과가 더 아름다운 작품을 만들어 내는 걸까. 작가를 알 수 없는 계곡의 작품을 집에 가져다 걸어두고 싶었다.

길을 걷다 보면 껍질이 벗겨진 채 속이 드러난 소나무를 보게 된다. 그 속살에는 칼로 그어 만든 상처가 수십 개씩 나 있다. 송진을 얻기 위해 인간이 낸 상처다. 일제 강점기부터 시작한 송진 채취는 1960년대까지 이어졌다. 송진은 의약품이나 화학약품의 재료가 됐다. 그때 그 시절의 기억을 소나무는 이런 식으로 고스란히 간직하고 있었다. 보고 있자면 마음이 짠해지는 광경이다. 이 상처 아래에 안내판이 만들어져 있는데, '한 번 훼손된 자연은 회복이 어렵습니다'라는 문구가 적혀 있다. 그 문장에 상처가 더 안쓰러워 보였다.

숲 정보	합천 가야산국립공원 소리길
주소	경상남도 합천군 가야면 구원리 산1 일원
풍광	●●●●●
난이도	●●○○○
태그	#가야산19경 #해인사 #홍류동

숲 그 곁에 머물렀다 우리는

삼일식당

여느 대형 사찰과 같이 해인사에도 절 아랫마을인 사하촌이 형성돼 있다. 과거에는 절에 기대어 살아가던 이런 마을이 현대에 들어와선 인근에서 나는 산채(山菜)로 음식을 하는 식당가로 변모했다. 가야산의 사하촌도 마찬가지. 이 안에서도 삼일식당은 가을의 진미 송이로 끓인 송잇국이 기가 막힌다. 정식으로 시키면 온갖 산채로 만든 음식이 가득 깔린다. 하나하나의 맛이 입안을 온전히 사로잡는다. 가을의 해인사를 찾았다면 꼭 먹어 보길 권한다.

주소 | 경상남도 합천군 가야면 치인1길 19-1
전화 | 055-932-7254

적중초계분지

합천의 초계면과 적중면은 합천 안에서도 도드라진 분지 지형이다. 지금이야 외부로 통하는 도로나 몇 군데 나 있지만, 원래는 어느 방향으로도 트인 곳 없이 꽉 막혀 있었다. 이런 지형에 의심을 가졌던 고(故) 임판규 선생은 국가 차원의 조사를 피력했고, 조사 결과 5만 년 전 운석이 떨어져서 만들어진 운석 충돌구라는 사실이 밝혀졌다. 이런 지형은 세계적으로도 아주 희귀하다. 한반도 최초이기도 하다. 초계적중분지를 한눈에 담고 싶다면 대암산 활공장에서 출발하는 패러글라이딩 체험에 참여하면 된다. 운석이 떨어져 만들어진 지형이 한눈에 담긴다.

주소 | 경상남도 합천군 초계면 원당리 산42(대암산 활공장)
전화 | 055-933-6619(합천패러글라이딩파크)

중앙식육식당

돼지국밥을 부산의 소울푸드라고 부르기도 하지만, 의외로 돼지국밥 앞에 '합천'이 붙는 경우가 많다. 대체로 합천의 돼지고기가 맛있어서 합천의 돼지고기로 끓였다는 의미다. 그만큼 질 좋은 돼지고기가 있어서 합천읍에는 돼지국밥 전문점이 많다. 합천왕후시장 인근의 중앙식육식당은 돼지국밥 전문점이기도 하지만 현지인에게 돼지갈비찌개로 유명하다. 돼지갈비와 잡고기, 채소를 넣어 매콤하게 끓인 이 찌개는 알려지지 않은 합천의 별미로 꼽을 만한 메뉴다.

주소 | 경상남도 합천군 합천읍 충효로 81
전화 | 055-931-2246

1 삼일식당
2 적충초계분지
3 중앙식육식당

chapter 04

홍수를 막은
현자의 선물

함양 상림

경상남도 함양군 함양읍 필봉산길 49

전라도에서 경상도로 넘어가는 길에 함양을 들렀다. 그곳에 꽃무릇이 절정을 이루고 있었다.

1,100년 전 최치원의 치수

영남과 호남을 이어 주는 길이 이제는 제법 여럿 만들어졌지만, 꽤 오랫동안 '88올림픽 고속도로'가 두 지역을 이어 주는 대표적인 도로로 기능해 왔다. 이 도로는 지리산 일대의 여러 지역을 거쳐서 지나가는데, 그중 하나가 경남 함양이다. 함양은 전라도와 경상도의 중간 지점에 위치한 데다 지리산을 곁에 끼고 있어 자연경관이 빼어나고 갈 곳과 볼 것이 많은 지역이다. 그중에서도 함양의 서쪽에 자리한 상림은 여러모로 의미가 깊은 곳이다.

한자를 빼고 '상림'이라고만 부르면 적잖은 이는 뽕나무를 떠올릴지도 모르겠다. 그러나 여기서 '상'은 위 상上이다. 위쪽에 있는 숲이라는 의미다. 당연히 이 숲의 아래쪽에도 숲이 있다. 지금은 몇 그루의 나무만 남아 있을 뿐 지역민의 거주지나 다름없는 상태가 됐다. 상림이라는 숲을 이해하려면 시작점인 1,100년 전까지 역사를 거슬러야 한다.

상림을 조성한 시기는 신라 진성여왕 시절로 추정한다. 정확한 연도를 알기는 어렵다. 다만 전해오는 이야기로 당시 고운 최치원 선생이 함양 태수로 부임해 숲을 만들었다고 한다. 당시만 해도 함양은 위천이라는 물줄기가 한가운데를 관통하고 있었다. 이 하천으로 인해 홍수가 잦았고 피해가 극심했던 모양이다. 이런 현실은 함양을 다스리는 이에게 당면한 가장 큰 골칫거리였다. 이를 해결한 인물이 최치원이다. 그는 위천의 물줄기를 돌려버렸다. 둑을 쌓아 물길을 함양의 서쪽으로 끌어 내고 그 둑 위로 나무를 심었다. 행여 물이 많아지더라도 나무의 뿌리가 둑을 잡아줄 수 있게 하기 위함이었다. 요즘에야 이런 치수법이 크게 대단한 바가 아닐지 모르

겠으나, 당시만 해도 지혜로운 해법이었을 것이다.

물론 그 뒤로도 홍수 피해가 아예 없었던 건 아니다. 한 번은 사람의 힘으로 도저히 어찌할 수 없을 만큼 큰 물난리가 났다. 이 물길이 숲의 가운데를 허물어 버렸다. 지금처럼 상림과 하림으로 나누어지게 된 원인이 바로 그때의 홍수다. 정확히 언제 이런 물난리가 났는지는 기록에 좀처럼 보이지 않는다. 다만 그때를 제외하면 1,100년을 이어오는 동안 좀처럼 물로 인해 고생한 일은 없었다는 이야기만 남았다.

최치원이 만든 숲은 원래 '대관림'이라고 불렸다. '상림'과 '하림'으로 나누어진 이후로 더는 그 이름을 쓰지 않는다. 숲의 흔적만 남은 하림과 달리 상림은 총 1.6km에 걸쳐 21헥타르라는 규모를 잘 유지하고 있다. 지금도 이처럼 거대한 크기를 자랑하는 숲인데, 대관림이라 불리던 과거에는 이 일대가 얼마나 멋진 숲이었을까. 놀랍기도 하고, 못내 아쉽기도 하다.

사시사철 서로 다른 아름다움

상림은 매력적이다. 봄에는 신록, 여름에는 녹음, 가을에는 단풍으로 물들어 계절마다 서로 다른 빛깔로 여행자의 발길을 이끈다. 지리산을 곁에 두고 있어 함양에는 눈이 내리는 날도 적지 않다. 덕분에 겨울에는 설경도 맛볼 수 있으니 함양의 상림은 사철 내내 두고두고 다닐 만한 곳이다. 지금은 상림을 들어가는 초입부터 시작해 온 숲의 바닥을 꽃무릇이 메우고 있다. 물론 사람의 손으로 일일이 심어서 가꾼 티가 역력하다. 그럼에도 시선을 빼앗기는 건 어쩔 수 없다. 붉은 꽃무릇의 행렬이 마치 파도가 일렁이는 듯 저 멀리까지 늘어서 있다. 과거 함양을 괴롭게 했던 위천은 이제 숲의 저 바깥으로 도도하게 흐른다. 물길을 틀고 물이 지나던 자리에 숲을 조성해 놓은 지금은 산책로 한쪽으로 작은 개울만 졸졸거리며 제 갈 길을

서두를 뿐이다.

숲의 안쪽으로 더 들어간다. 한편에 우뚝 선 연리목이 눈길을 사로잡는다. 두 개의 서로 다른 나무가 하나로 이어진 것을 연리목이라 부르는데, 이 나무는 느티나무와 개서어나무가 하나로 이어졌다. 서로 다른 둘이 만나 하나로 이어져 생을 함께한다는 저 이미지는 숱하게 많은 연인과 부부의 발길을 불러 모았다. 이곳 사람의 말에 따르면 이 나무 앞에서 서로 손을 잡고 기도하면 애정이 더욱 두터워지고 사랑이 이루어진다고도 한다. 믿고 안 믿고는 각자의 몫이겠지만, 그럴듯한 이야기에 귀가 솔깃해지는 건 어쩔 수 없다. 이 나무는 1962년에 천연기념물 제154호로 지정됐다.

상림에는 120여 종의 나무가 2만 그루나 자라고 있다. 졸참나무, 상수리나무, 까치박달나무, 밤나무 등이 곳곳에서 보이고, 봄이면 벚나무의 꽃이 팝콘처럼 펑펑 터진다. 아까시나무도 있고 이팝나무도 있으니 봄에는 언제 찾아오든 숲은 날마다 꽃 잔치를 벌이고 꽃향기로 가득 차 있다. 일일이 나열하기도 힘들 만큼 관상수와 과실수도 저마다 자리를 잡고 제 몫을 하며 숲의 살림을 일군다. 이쯤 하면 이 숲을 찾아야 할 이유가 차고 넘친다.

숲 정보	함양 상림
주소	경상남도 함양군 함양읍 필봉산길 49
풍광	●●●●●
난이도	●●○○○
태그	#1100년역사의숲 #최치원의치수 #꽃무릇

청학산

남원과 함양 사이 산길에 위치한 식당이다. 산 중턱에 있어서 접근성은 떨어지지만, 이 곳에는 콩잎을 넣은 곰국을 취급한다. 먹을 것이 없던 옛날에는 조금이라도 입에 넣을 것을 함께 넣고 끓이기 위해 콩잎을 넣었고, 이것이 향토 음식으로 자리 잡았다고. 지금 이야 먹을 게 풍성한 시절이지만, 그때 그 맛을 잊지 못해 찾아오는 사람이 꽤 많다. 함 께 나오는 반찬이 뛰어나게 맛있는 건 아니지만, 엄마가 차려 주는 밥상을 연상케 한다. 함양만의 맛과 향이 담긴 지역색 강한 음식점이다.

주소 | 경상남도 함양군 함양읍 함양로 619-6
전화 | 055-962-4183

chapter 05

독일마을 아래
오랜 원시림

남해 물건리방조어부림

경상남도 남해군 삼동면 물건리 산12-1

마법의 공간 같았다. 숱하게 지나치기만 했던 곳에 이런 숲이 있을 것이라고 생각하지도 못했다.

신화처럼 남은 숲

경남 남해는 불과 20년 전까지만 해도 오지 취급을 받던 섬이다. 지금이야 세 개의 다리가 섬과 육지를 이어 주지만, 불과 1950년대 후반까지만 해도 연락선을 타지 않으면 갈 수 없었다. 섬은 가진 게 많다. 70개의 크고 작은 부속 섬이 있고 302km의 해안선을 품고 있다. 안쪽으로는 제법 험준한 산이 여럿 자리했고, 그 안에 울창한 숲이 모여 있기도 하다. 산과 바다의 매력이 조화를 이루고 있는, 여행지로서 아주 매력적인 땅이다.

  남해의 여행지 중에서도 대표적인 게 독일마을이다. 1960년대 조국의 근대화를 위해 이역만리 타국인 독일까지 나아가 외화벌이를 하고 돌아온 이들을 위해 마련한 곳인데, 이제는 남해에서 가장 화려한 여행지가 되었다. 여행자가 가장 많이 몰리는 한여름은 물론이고 평소에도 주말이면 경상도와 전라도 일대에서 찾아온 사람으로 붐빈다. 언덕을 따라 올라가는 길에는 화려한 레스토랑이며 빵집, 카페가 줄지어 섰다. 멀리 고요한 바다의 풍경이 보이는 테라스가 있는 곳에는 어김없이 손님으로 만석이다. 햇살 좋은 날이면 실내보다 테라스가 더 각광을 받는다.

  '물건리방조어부림'이라는, 낯선 이름을 가진 오늘의 주인공은 독일마을에서 지척이다. 카페에서 바다가 내다보이는 테라스에 앉으면, 저 멀리 해변을 따라 늘어선 나무의 행렬을 볼 수 있는데, 그곳이 바로 물건리방조어부림이다. '어부림'이라는 단어는 아무리 들어도 그 의미가 쉽게 와닿지 않는다. 그도 그럴 것이, 어부림'이란 단어는 기능적 면모를 전면에 내세운 명칭인 데다 우리 곁에 어부림이 있는지도 잘 모르는 사람이 대다수기 때문이다.

어부림은 바다나 강가에 조성한 숲을 이르는 말이다. 숲의 초록이 짙어지면, 나무 그늘이 드리워지고, 물속의 고기떼도 그 그늘을 찾아 들어온다. 자연스레 고기가 잘 잡힌다. 어업이 흥하면 마을이 번창하는 게 당연지사. 그래서 어부림이다. 이런 연유를 잘 모르니 독일마을을 찾은 관광객도 먼발치에서 해안가의 풍광만 감상하고 돌아간다. 이 숲이 얼마나 흥미로운 곳인지는 아는 사람 사이에서만 입소문으로 떠돈다.

기록에 따르면, 남해에 있는 수많은 숲 중에서도 가장 오래된 역사를 가진 곳이 물건리의 어부림이라고 전한다. 무려 370년. 남해군은 섬 내의 볼거리 열두 군데를 선정해 12경으로 홍보하고 있고, 어부림도 그중 하나지만 바로 위의 독일마을에 비하면 관광객은 여전히 뜸하다. 남이 좋다면 나도 간다는 심리 때문일까, 불과 차로 5분 거리일 뿐인데 상반된 분위기가 사뭇 묘하다.

어부림의 기록을 되짚어 올라가다 보면 과거 전주 이씨 무림군의 후손이 이곳에 정착해서 숲을 조성했다는 이야기가 나온다. 그전에도 마을은 있었지만, 풍랑이 일 때마다 피해가 극심했던 모양이다. 전주 이씨에 관한 내용이 어디까지가 진실인지는 알 수 없으나, 이곳에 숲을 조성한 이후 해일이나 풍랑에 의한 피해가 급감했다는 것은 사실인 듯하다.

숲을 신성시하는 마을

이 숲은 19세기 말엽에 한 번의 벌채가 이루어진 기록이 있다. 그러나 그 이후 폭풍우가 몰아닥치자 많은 마을 사람이 목숨을 잃었다. 그 뒤로 숲을 해치면 마을이 망한다는 이야기가 전해진다. 일제 강점기에도 위기가 있었다. 태평양전쟁 중인 일본인들이 목총을 만들기 위해 일곱 그루의 느티나무를 베려고 했던 것인데 당시 마을 사람들은 "숲을 베려거든 우리부터 죽여라!"라고 강경하게 버텼다. 이

기세를 감당할 자신이 없던 일본인이 뜻을 이루지 못하고 숲에서 물러났다는 뒷이야기도 함께 전해진다. 지금도 어부림은 마을에서 신성시하는 보물이다. 숲에 해가 될 만한 행동을 하면 어김없이 마을 주민이 큰소리를 낸다. 오랜 시간 이 마을을 지켜주는 수호신 역할을 해 왔으니 그럴 만도 하다. 신화는 그렇게 만들어진다. 공동체가 만들고 유지하는 신앙은 존중받아야 한다. 숲을 찾는 이가 어부림를 세심하게 바라봐야 하는 이유다.

해안가에 조성한 이 숲의 규모는 상당하다. 숲의 길이만 1.5km에 달하고 너비는 30m 정도다. 면적은 무려 23,000m². 독일마을에서 보았을 때는 그다지 커 보이지 않았지만, 숲 안으로 들어가면 빽빽하게 치솟은 원시림의 위용에 압도당한다. 숲 안쪽으로는 나무로 덱을 깔아두었다. 덕분에 남녀노소 누구나 천천히 산책하며 숲을 즐길 수 있다. 덱 양쪽으로 펼쳐진 나무마다 안내판이 달려있다. 이것이 어떤 나무인지, 어떤 특징을 가졌는지 상세히 알려주는 기능을 한다. 그것이 없다면 무심코 지나치며 이 숲의 가치를 깨닫지 못했을 것이다. 일일이 나무마다 안내판을 다느라 적잖은 수고를 했겠다 싶다. 그래도 그 수고로움이 있어 숲에 숨어 있는 가치가 세상에 드러나게 됐으니 얼마나 고마운 일인가.

숲의 수종도 무척 다양하다. 남해 곳곳에서 흔히 보는 아름드리 팽나무는 여기서도 건재하다. 여기에 상수리나무, 느티나무, 이팝나무, 푸조나무 같은 낙엽수부터 후박나무 같은 상록수가 한데 어우러져 있다. 흔히 보기 어려운 귀한 나무도 많다. 열매가 말의 얼굴을 닮았다는 마삭줄, 귀신에 홀린 사람을 이 나무로 만든 몽둥이로 때려 귀신을 쫓았다는 무환자나무, 열매가 쥐똥 같다고 하는 쥐똥나무 등 재미있는 이름과 유래를 가진 나무가 길가에 널려 있다. 그 수만 100여 종에 달하고 1만 그루의 나무가 길게 늘어서 있어 나무 전시장이나 다름없다.

산책로를 따라 걷는 중에 나무 건너로 바닷가의 풍경이 보인다. 지금은 방파제를 쌓아 아주 고요한 바다다. 등대가 서 있고, 맑은 물이 찰랑대며 콩돌 해변을 '차르르' 소리 내어 오간다. 숲은 숲대로, 바다는 바다대로 보는 이의 마음을 편안케 하는 곳. 남해를 여행할 요량이라면 이 숲은 꼭 한 번쯤 찾아갈 만하다. 명실상부한 보물이다.

숲 정보	남해 물건리방조어부림
주소	경상남도 남해군 삼동면 물건리 산12-1
풍광	●●●●○
난이도	●○○○○
태그	#마을의성지 #370년 #어부림

유즈노모레

부부가 함께 운영하는 곳으로, 불가리아에서 살다 돌아온 아내가 불가리아 음식이 그리워 직접 만든 식당이다. 국내에서는 만나기 힘든 불가리아의 음식과 디저트를 제대로 선보인다. 물건리방조어부림이 있는 물건리 한복판에 있어 처음 가는 사람은 찾기가 다소 어려울 수 있다. 그러나 가게로 들어서는 순간 말끔하고 단정한 분위기에 놀라게 된다. 가게 자체의 감성도 훌륭하지만 모든 과정을 직접 조리하는 바니짜, 바클라바 같은 음식도 하나하나 매우 만족스럽다.

주소 | 경상남도 남해군 삼동면 동부대로1030번길 104
전화 | 0507-1413-2624

갯내음

지도 애플리케이션에는 펜션으로 나오지만, 남해의 숨은 보석 같은 식당이다. 이곳은 모든 음식을 과일 효소, 멸치액젓, 조선간장으로만 조리한다. 이곳의 진가는 1인 3만 원짜리 모듬장 정식이다. 전복, 문어, 홍합, 피꼬막, 소라, 바지락 등 6가지 해산물에 간장과 참기름을 더해 만든다. 양도 푸짐하다. 음식은 하나같이 부드럽다. 곁들여 나오는 찬도 모두 훌륭하다. 사장님이 직접 바다에 나가 따온 해조류로 만든 것들이다.

주소 | 경상남도 남해군 미조면 동부대로 37
전화 | 055-867-1656

우리식당

남해에 수많은 인파를 몰고 온 장본인을 꼽으라면 단연 독일마을과 우리식당이다. 독일마을이 파독 광부와 간호사를 위해 마련된 곳이 번화한 관광지로 변모했다면, 우리식당은 수십 년에 걸쳐 변하지 않는 맛과 정을 유지하고 있다. 이곳은 남해의 명물 죽방멸치로 멸치 쌈밥과 멸치회 무침 등을 만든다. 소박하기 그지없는 남해의 음식이 얼마나 맛있는지를 대중에 알린 곳이라고 해도 과언이 아니다. 늘 손님이 많아 1시간 웨이팅은 기본이니 참고하는 게 좋다.

주소 | 경상남도 남해군 삼동면 동부대로1876번길 7
전화 | 055-867-0074

1 유즈노모레
2 갯내음
3 우리식당

chapter 06

500년
마을지킴이

성주 성밖숲
경상북도 성주군 성주읍 경산리 446-1

따사로운 햇살이 떨어지는 주말이면 커다란 나무 아래로 사람들이 모인다. 한가로이 오후를 만끽하는 사람들. 한없이 평화로운 풍경이다. 경북 성주의 성밖숲은 잘 알려지지 않았지만, 성주를 대표할 만한 풍광을 자랑한다.

이천변의 비보림禪補林

이름에서부터 대략적인 위치를 알 것 같았다. 매우 직관적인 명칭이다. 적어도 시내 한복판은 아닐 테니까. 별달리 알려진 게 없는 성주에서 성밖숲은 대표적인 여행지가 된다. 성주 여행을 생각하고 있는 이라면 가장 먼저 마주하게 되는 이름이 바로 이곳이기도 하다. 성주로 진입하면서 가장 먼저 눈에 띄는 이정표 역시 성밖숲이다.

이 숲은 그만큼 독특한 경관을 보여준다. 짧게는 300년, 최대 500년 이상 된 왕버들 59주가 이천의 강변으로 늘어서 있다. 전체 면적이 15,000m²약 4,500평 정도인데, 성주읍이라는 고장에서는 절대적인 위치를 점하는 공원으로 기능한다. 가보지 않은 채 흔한 숲이나 공원을 떠올렸다면 오산이다. 버드나무라는 수종은 물가에서 자라는 식물이다. 그만큼 물을 많이 필요로 하는데, 수분이 많은 탓에 쉬이 썩는다고 알려져 있다. 500년이라는 수령이 놀라운 이유다. 그만큼 오랫동안 자리를 지킨 나무들은 생김새가 범상치 않다. 어느 것 하나도 비슷한 것 없이 저마다의 개성을 뽐낸다. 20m는 족히 넘는 키에 가지를 쭉쭉 뻗었고, 몸통은 오랜 세월을 보내는 사이 비틀려 올라갔다. 그런 나무가 59주다. 멀리서 봐도 단번에 시선을 사로잡는다.

숲의 역사를 조금 뒤져보면 그 시작이 1380년까지 거슬러 올라간다. 『경산지』와 『성산지』에 따르면 이 숲은 성주읍의 지세를 북돋기 위해 지관의 조언에 따라 만들어졌다. 당시 성주의 서문 밖 마

을에서 아이들이 까닭 없이 자꾸만 죽어 나갔다. 이 문제를 해결하기 위해 지형을 살피던 지관은 마을의 족두리 바위와 탕건 바위가 마주 보고 있는 게 원인이라고 보았다. 이를 해결하려면 그 중간에 숲을 조성해야 한다는 게 그의 의견이었던 것. 그래서 성주읍성의 서문 밖 이천의 강변에 숲을 만들었다.

처음에는 이곳에 심어진 것이 버드나무가 아니라 밤나무였다. 그러니까 성밖숲은 원래 밤나무숲이었던 셈이다. 이후 시간이 흘러 임진년과 정유년의 왜란이 지나갔다. 그리곤 마을의 기강이 급격히 무너졌다. 정확히 어떤 일이 벌어졌던 것인지는 알 수 없으나 '기강이 해이해졌다', '민심이 흉흉해졌다'라는 문구로 보아 마을 사람들의 생사 문제는 아니었던 것 같다. 마을사람들은 밤나무를 모두 베어냈다. 대신 그 자리에 왕버들을 다시 심었다. 그렇게 만들어진 숲이 지금까지 이어진다. 마을의 비보림으로 조성한 숲은 무려 500년이라는 세월을 견디며 지금까지 자리를 지킨다. 그 희소성을 인정받아 1999년에는 천연기념물 제403호로 지정되기에 이르렀다.

여유로움이 넘치는 풍경

숲에 도착해서 가장 인상 깊었던 건 숲을 즐기는 사람들의 모습이었다. 나무 아래 사람들은 평화롭기 그지없었다. 가족끼리 오후 햇살 아래 텐트를 치고 앉아 주말을 즐긴다. 강아지를 데리고 나와 산책하면서 온전히 숲속에서 흐르는 시간을 만끽한다. 그 모습에서 오랫동안 보지 못했던 삶의 여유로움마저 느껴졌다. 하나의 공간이지만, 나무 아래에서는 저마다 서로 다른 시간이 흐르고 있는 것처럼 보였다. 그 모습이 얼마나 좋았던지 멀리에 서서 한참을 바라봤다.

성밖숲은 왕버들 군락과 함께 발치에 피는 보랏빛 꽃이 유명하다. 여름이 끝자락을 향해서 갈 때쯤이면 나무 아래로 수도 없이 많은 맥문동이 피어난다. 그런데 아쉽게도 2020년 이후로는 그 모습을 볼 수가 없다. 그해 여름 장맛비에 홍수가 났고 그 뒤로는 맥문동이 영 제 모습을 보이지 못한다. 아예 씨가 마른 것은 아니고 드문 드문하다.

그럼에도 숲 자체가 워낙 훌륭해서 아쉬움이 길게 이어지지는 않는다. 나무는 한 그루 한 그루가 기이한 형태를 하고 있어서 유심히 살펴보게 된다. 이 나무는 이렇구나, 저 나무는 저렇구나. 그저 한가롭게 숲 사이로 난 산책로를 걷기만 했다면 알지 못했을 모습이 눈 돌리는 곳마다 보인다. 좀처럼 앞으로 나아가지 못하고 자꾸만 고개를 들게 되는 건 그래서다. 하늘을 향해 넓게 팔을 벌린 모습에 매료돼 한참을 쳐다보고 사진을 찍는다. 길게 늘어진 다른 나무의 가지는 그 자체로 마치 용이 춤을 추는 것만 같다. 그 곁으로 사람들이 자리를 펴고, 커피를 손에 든 채 천천히 자기만의 시간을 보낸다.

강변 방향으로 자리를 옮기면 숲과 사람이 하나인 듯한 착각이 드는 풍광을 마주한다. 커다란 나무를 카메라의 뷰파인더 안으로 모두 담아놓으면 그 아래 모여 있는 사람의 모습이 작디작다. 프레임 하나가 완벽한 한 폭의 그림이다. 시선을 조금만 옮기면 또 다른 경관이 눈에 들어온다. 그러다 보니 자꾸만 셔터를 누르게 된다. 잠시 벤치에 앉아 사 들고 온 음료를 마시며 나도 그 풍경 안으로 잠시 들어가기로 했다. 머리 위로는 어느새 완연한 가을 하늘이 펼쳐져 있고, 뭉게구름이 둥실둥실 느릿하게 흘러간다. 이 아름다운 나무가 햇살을 가려 그늘을 만들어 주고 있고, 그 아래 앉아 아무 말 없이 음악을 듣는다. 리스 루이스[Rhys Lewis]의 'Seasons'가 이렇게 잘 어울릴 수가 없다. 아주 잠깐 맛본 꿀처럼 달콤한 주말이 그렇게 흘러가고 있었다.

숲 정보	성주 성밖숲
주소	경상북도 성주군 성주읍 경산리 446-1
풍광	●●●●○
난이도	●○○○○
태그	#경북성주 #성밖숲 #비보림 #공원 #500년버드나무

고방찬남경식당

이 고장에서 꼭 먹어야 할 등겨장이 있는 가게다. 등겨장은 여름 아궁이 불에 보리등
겨 반죽을 서서히 익혀 건조하고 발효한 장이다. 그렇게 만든 장은 겨울이나 이듬해
봄에 먹었다. 소금이 많이 들어가지 않아 짜지 않고 영양소도 풍부한 것이 특징. 간장
에 잘 재워서 구운 돼지 불고기를 쌈 싸서 먹을 때 올리는데, 맛이 순하고 보리 특유의
단맛이 뒤에서 올라온다. 고슬고슬하게 잘 지은 쌀밥과 함께 먹다 보면 한 그릇이 순
식간에 사라진다. 인접해 있는 합천이나 고령과는 전혀 다른 깊이 있는 순한 맛이다.

주소 | 경상북도 성주군 성주읍 시장길 10-10
전화 | 054-933-2232

세종대왕자 태실

조선의 임금 세종대왕이 낳은 왕자의 태실이다. 태실은 왕가에서 자손을 출산하고 나
면 그 태를 봉안하는 곳을 이른다. 예부터 태는 태아의 생명력을 부여한 것이라고 하
여 출산 뒤에도 함부로 버리지 않고 소중히 다뤘다. 이곳에는 세종대왕의 적서 18명의
왕자 중 장자 문종을 제외한 17명의 왕자 태실이 조성돼 있다. 성주의 깊은 산속 양지
바른 곳에 위치해 언제든 햇살을 만끽하기 좋다. 곁에는 태실을 수호하는 사찰인 선석
사가 자리해 있다.

주소 | 경상북도 성주군 월항면 세종대왕자태실로 639-18
전화 | 054-930-8372 (성주군청 문화관광과)

한개마을

전국에서 일곱 번째로 지정한 중요 민속 자료 제255호다. 조선 세종 당시 진주 목사를
역임한 이우가 1450년경 이 동네에 입향했는데, 그 이후로 560년을 내려오면서 성산
이씨가 모여 사는 집성촌이 됐다. 마을을 가로지르는 고샅길을 따라 산책을 즐기기에
안성맞춤이다. 첨경재, 월봉정(한천 서당), 서륜재, 일관정, 귀락정 등 다섯 동의 재실이
있고, 집마다 한옥의 아름다움이 잘 살아 있다.

주소 | 경상북도 성주군 월항면 한개2길 8-5
전화 | 054-933-4227

1 고방찬남경식당
2 세종대왕자 태실
3 한개마을

chapter 07

성처럼 솟은
시인의 숲

영양 주실마을숲

경상북도 영양군 일월면 주곡리 266-2

경북 영양은 국내에서 가장 오지에 해당하는 지역이다. 4차선 도로, 고속도로, 철도가 없는 유일한 지자체다. 사정이 그러하니 어디에서 가든지 멀다. 그래서 찾는 이도 드물다. 반대로 생각해 보면 자연환경이 이만큼 보존된 곳이 없다는 뜻이기도 하다.

오지 중 오지의 마을

육지 속 외딴섬 같은 땅 영양에서 봉화 방향으로 가는 길, 일월면의 도로 한복판 저 멀리 커다란 숲이 가로막고 섰다. 아니, 길은 그 숲 안으로 숨어 들어간다. 저 숲을 가로질러야만 가던 길을 갈 수 있다. 이곳에는 '주곡리'라는 행정 주소가 붙어 있지만, 그보다는 주실마을이라는 명칭이 더 유명하다. 주실마을은 한양 조씨의 집성촌이다.

　　1519년 조광조의 기묘사화가 일어나자 멸문 위기에 처한 조씨 일족이 전국으로 흩어졌다. 알려져 있다시피 기묘사화는 연산군에 의해 무너졌던 유교 질서를 바로 세우고자 했던 급진적 개혁 세력이 훈구파에 의해 숙청당한 사건이다. 중종반정으로 연산군을 폐위시킨 중종은 신진사류로 하여금 개혁을 도모토록 했으나 급격한 변화는 도리어 커다란 반발을 불렀다. 이때 중심이 되었던 인물이 조광조다. 그는 성리학을 바탕으로 삼고, 고대 중국의 왕도정치를 이상으로 하는 정치를 실현하고자 했다. 반대 입장에 섰던 훈구파는 조광조 일파를 몰아내기 위해 모든 힘을 집중했다. 결국, 조광조는 왕위를 위협한다는 혐의로 사약을 받게 된다. 한양 조씨 일가는 조선의 4대 사화 중 하나인 이 사건을 계기로 몸을 피해야 했다.

　　조씨 일가 중에 호은 조전이라는 인물이 있었다. 그는 몰아치는 칼날을 피해 1629년인조 7년 이 먼 땅으로 왔다. 그때만 해도 이곳은 주 씨의 집성촌이었다. 한양 조씨의 멸문을 막기 위해 여기에 정착한 이후 시간이 흐르며 마을은 점차 한양 조씨의 집성촌으로 변모하게 된다. 이때 마을 주변에는 여러 변화가 생겼는데, 그중 한 가

영양 주실마을숲

지가 시무나무를 많이 심은 것이다. 시무나무는 원래 집 주변에 심어 울타리로 삼는 종이다. 줄기와 가지에 가시가 많아 담장 기능에 적합했다. 조씨 집안은 나무의 가시에 '변덕 부리는 세상과 타협하지 않고 올곧게 살라'는 뜻을 담아 교훈으로 삼고자 했다. 이후 이 마을에서 나고 자란 조 씨의 후손은 입신양명을 꿈꾸지 않고 학문을 익히는 데만 관심을 두었다. 오래 이어진 이런 가풍은 후대에 이르러 많은 인재가 이 마을에서 나오는 결과로 이어졌다. 대표적인 인물이 청록파 시인 조지훈이다. 그의 부친은 한의학의 기초를 닦은 것으로 평가받는 조헌영이고 형은 요절한 천재 시인 조동진이다. 의병항쟁을 이끈 언유 조승기, 애국계몽운동을 행한 조인석도 이곳에 뿌리를 두고 있다. 호은 조전 선생에서 시작한 일가는 그렇게 인재를 계속 배출하면서 영양의 명문가로 자리매김한다.

누구나 멈춰 서는 나무 터널

영양읍에서 봉화·안동 방면으로 나가는 918번 지방도로 위에 당당하게 선 숲은 주실마을로 들어서는 대문이나 마찬가지다. 숲 바깥에서는 그 너머의 마을이 전혀 보이지 않으니 성벽과도 같은 느낌마저 자아낸다. 이 자리에 숲이 들어선 건 마을의 지세를 보호하기 위한 한양 조씨 일가의 선택이었다. 이 마을의 앞쪽으로는 숲 저편에서부터 흘러들어온 장군천이 흐른다. 뒤로 일월산 자락을 두르고 앞쪽으로 흥림산 자락을 마주하는 형세다. 풍수지리의 관점에서 보면 좌청룡의 지세가 약해 그 자리를 북돋기 위해 조성한 게 이 숲이라는 설명이 눈에 띄었다. 풍수에 관해서는 과문한 탓에 이해가 쉽지 않지만, 아마도 앞뒤가 잘 막혀 있는 것에 비해 영양읍 쪽에서 흘러들어오는 방향이 뻥 뚫려있는 지형을 이렇게 설명한 게 아닌가 싶다. 숲은 정확히 그 자리를 막고 서 있다.

마을 입장에서는 마을을 지켜주고 지세를 더하는 비보림이지

영양 주실마을 숲

만, 이곳을 찾은 사람에게는 더없이 멋진 휴식처다. 이 마을의 존재
를 모르고 918번 도로를 따라 달리던 사람도 숲으로 접어들면 여지
없이 차를 멈추고 선다. 하늘을 가려 빛이 새어 들어오지 않을 만큼
빽빽한 이 숲은 터널이나 마찬가지다. 그만큼 이곳에는 느티나무,
참느릅나무, 검팽나무, 시무나무, 버드나무 등 여러 수종이 노거수
가 되어 자란다. 몸 굵은 아름드리나무가 울창한 이 숲은 기어이 차
안의 사람을 밖으로 나오게 만든다. 숲 안쪽으로 난 오솔길을 따라
걷다 보면 마음마저 시원해지는 기분을 받을 수 있다. 우거진 숲속
에는 햇살이 거의 들지 않는다. 이따금 떨어지는 빛의 조각은 그림
자와 대비를 이루면서 발아래로 자라난 생명을 돋보이게 만든다.

오솔길은 숲 저쪽에서 장군천과 맞닿아 있다. 그 자리에 서면
건너편 멀리 주실마을을 마주하게 된다. 숲과 마을 사이를 나누는
장군천은 상상도 못 했던 멋진 경관을 완성한다. 우거진 나무의 그
늘과 시원한 물소리에 신발을 벗고 물속으로 기어코 발을 담그고
싶어지는 충동을 유발한다. 여름날 만난 숲의 유혹은 자못 치명적
이다. 이것이 비단 혼자만 느꼈던 것은 아닌 모양이다. 저 멀리 중년
부부가 조심스레 물가로 내려가고 있었다. 숲을 한 바퀴 돌고 나면
주실마을에도 자연스레 관심이 가게 되니 이 숲은 마을 지킴이이자
마을로 사람의 발길을 안내하는 안내자 역할도 톡톡히 한다고 해야
겠다.

주실마을에는 '삼불차'라는 단어가 있다. 아무리 힘들어도 재
산, 사람, 문장은 빌리지 않는다는 의미다. 이는 청빈한 삶, 꺾이지
않는 절개를 갖춘 선비정신을 상징한다. 왜 그런 정신을 강조하고
있는지는 마을이 만들어지는 배경에서 충분히 찾을 수 있다. 그 마
을의 대문처럼 솟아오른 이 숲의 나무들은 삼불차의 정신을 보여주
는 듯 허리를 펴고 꼿꼿하게 솟았다. 사연이 있는 곳의 숲은 역시 뭐
가 달라도 달라 보인다. 범상치 않은 생명력 가득한 이 숲으로 한 줄
기 바람이 불었다. 숲의 당산목인 250년 수령의 커다란 느티나무가

가지를 흔들며 춤을 춘다. 이 숲의 이름은 '시인의 숲'이다. 조지훈 시인과 그의 형 조동진 시인에게서 기인한 이름이겠지만, 숲은 그 자체로 말없이 시를 노래하는 시인이 아닐까. 저 춤사위는 나무가 나지막하게 읊조리는 시구는 아닐까.

숲 정보	영양 주실마을숲
주소	경상북도 영양군 일월면 주곡리 266-2
풍광	●●●●○
난이도	●○○○○
태그	#국내최고의오지 #한양조씨집성촌 #조지훈시인의고향

맘포식당숯불갈비

강원도 태백의 지역 음식으로 거론하는 대표적인 것 중 하나는 물닭갈비, 물갈비다. 육수를 자작하게 부어 끓여 먹는 식이어서 다른 지역의 닭갈비나 갈비와는 차별화한 형태다. 이런 특징은 비단 태백에만 존재하는 건 아니다. 소백산맥의 지형을 따라 태백의 아래쪽 안동과 영양에서도 국물이 있는 고기 요리를 즐긴다. 이런 지역색 도드라지는 영양의 음식을 보여주는 유일한 식당이 이곳이다. 텃밭에서 직접 키운 채소를 쓰고 직접 담근 장류를 사용한 건강한 음식이라는 점에서도 각광받는다. 주력 메뉴는 주물럭. 여기에 곱창을 섞어서 먹는 것도 가능하다는 게 특징이다.

주소 | 경상북도 영양군 영양읍 시장3길 15
전화 | 054-683-2339

양항약수식당

영양을 대표하는 특산물은 고추다. 이미 너무나 유명한 청양고추는 청송과 영양의 고추 품종을 섞어서 개발한 것이었다. 아직도 수비면에는 수비초라는 오래된 품종이 지금까지 나온다. 가히 고추의 중심지라고 해도 과언이 아니다. 그래서 영양의 음식은 매콤한 맛이 강조되는 편이다. 이런 매운맛이 더해진 닭불고기는 영양에서 먹어야 할 색다른 별미다. 떡갈비와 유사한 인근의 청송과 비교하면 육질이 훨씬 살아 있는 편이고 입맛을 자극하는 매력이 있다.

주소 | 경상북도 영양군 입암면 약수탕길 17
전화 | 054-682-4456

영양반딧불이생태공원

세계밤하늘보호협회(IDA)라는 기관이 있다. 밤하늘은 마땅히 어두워야 하고 밤의 어둠을 지켜야 지구가 건강해진다는 취지로 활동하는 곳이다. 이 기관은 밤하늘이 잘 보존된 지역을 국제밤하늘보호공원으로 지정하고 있는데, 아시아에서 최초로 지정받은 지역이 영양의 수비면 일대다. 그만큼 빛 공해가 없어 맨눈으로 밤하늘을 관찰하기 좋은 곳이고 늦여름이면 늦반딧불이가 날아다니는 청정 지역이다. 영양군은 이 일대를 보호하고 청정한 환경을 유지하기 위해 영양반딧불이생태공원을 운영하고 있다. 이 안에는 천문대와 함께 캠프장, 청소년 수련 시설 등도 함께 운영하고 있다.

주소 | 경상북도 영양군 수비면 반딧불이로 129
전화 | 054-680-6045

영양 자작나무숲

영양의 검마산자연휴양림은 하늘 위로 곧게 뻗은 금강소나무 군락지로 잘 알려진 곳
이다. 이미 어느 정도 인지도가 있는 이 산의 다른 한쪽에는 아직 세간에 그리 많이 소
개되지 않는 명품 숲이 또 있다. 죽파리의 자작나무숲이다. 주차장에서 전기차를 타고
도 20분 이상을 올라가야 하는 이 숲의 면적은 인제 원대리 자작나무숲의 5배에 달한
다. 자작나무만이 보여줄 수 있는 파릇한 기운은 발을 들이는 순간부터 보는 이를 압
도한다. 이곳이 절정에 달하는 시기는 가을. 자작나무의 밝은 노란빛이 얼마나 아름다
운지를 절감할 수 있다. 다만 9월부터 이미 이 일대는 온도가 매우 낮아지니 충분한 대
비를 해야 한다는 점을 명심할 것.

주소 | 경상북도 영양군 수비면 죽파리 산 39-1
전화 | 054-680-6412 (영양군청 문화관광과)

장계향문화체험교육원

석보면의 두들마을은 과거 영양의 양반문화를 보여주는 장소다. 1640년에 이곳에 석
계 이시명 선생이 자리를 잡고 집성촌을 일궜고, 이후로 여러 인재를 배출한 마을이
됐다. 소설가 이문열도 이곳이 고향이다. 석계 선생의 부인인 장계향 선생은 이곳에
서 현존하는 가장 오래된 조리서 『음식디미방』을 썼다. 당시의 음식문화를 오롯이 보
여주는 이 책에 나오는 요리를 직접 맛볼 수 있는 공간이 두들문화마을 내의 '장계향문
화체험교육원'이다. 지금과는 사뭇 다른 음식 재료의 손질법과 정갈한 맛을 음미할 수
있다.

주소 | 경상북도 영양군 석보면 두들마을1길 42
전화 | 054-680-6442

1 맘포식당숯불갈비
2 양항약수식당
3 영양반딧불이생태공원

4 영양 자작나무숲
5, 6 장계향문화체험교육원

chapter 08

신화가 태어난
성스러운 땅

경주 대릉원 계림

경상북도 경주시 교동 1

신화가 깃든 숲은 신비롭다. 그것이 사실과는 거리가 있으리라는 걸 알아도 마음 한구석이 설레는 건 어쩔 수 없다. 김알지의 전설이 남아 있는 계림도 그런 곳이다.

전설로 기록된 핏줄

묘한 일치다. 이 땅의 지배자로 자리매김했던 인물은 대부분 알에서 태어났다는 사실. 동명왕, 탈해왕, 박혁거세, 수로왕 등이 여기에 해당한다. 물론 그들의 이야기는 신화일 뿐일 터. 비유로써 범상치 않은 인물임을 부각하려는 의도로 추정할 수 있다. 그런데 대체 왜 알에서 태어나는 난생일까. 여기에 대해서는 하늘이 내린 사람이라는 해석이 유의미해 보인다. 하늘에서 알을 내렸고, 타인의 힘이 아닌 스스로 의지와 힘으로 태어났다는 뜻이다. 이는 그가 사람이 아닌 하늘의 자손이기에 왕위를 받는 것이 당연하다는 부연이 따라붙게 된다. 중국의 황제를 '천자'라고 부르는 것과 같은 이치다.

신라 김씨 왕조의 시조인 김알지는 난생은 아니다. 그는 태어난 것이 아니라 발견됐다. 경주 시내 한복판에 봉긋봉긋 솟아있는 수많은 고분. 이중 부장자의 정체가 확인된 것을 중심으로 대릉원이라는 구역이 설정돼 있다. 이 대릉원 곁에 첨성대가 있고, 다른 쪽으로 계림이 있다. 김알지는 이 계림이라는 숲에서 발견된다. 탈해이사금의 집권 시기, 금성의 서쪽 시림이라는 숲에서 닭 우는 소리가 들렸다. 왕은 신하를 보냈고 그 숲에서 나뭇가지 위에 걸린 금빛의 궤짝을 보게 된다. 그 아래에서는 흰 닭이 울고 있었다. 신하의 보고를 받은 왕은 시림으로 가 궤짝을 열어 보게 된다. 그 안에는 사내아이가 있었다. 하늘이 보낸 아이라고 여긴 왕은 아이를 태자로 삼고 '알지'라는 이름을 붙였다. 아기라는 뜻의 이름이었다. 하늘이 보낸 아이답게 김알지는 총명했다. 탈해 이사금은 알지에게 왕위를 물려주고자 했다. 그러나 알지는 이를 다른 이에게 양보했다. 신성

한 탄생 설화의 주인공이지만 왕이 되지 않은 몇 안 되는 희귀한 케이스로 남았다. 대신 그의 7대 후손이 왕위에 오른다. 이때부터 신라에 김씨 왕조가 시작된다.

이런 일련의 배경을 살펴보면 김알지라는 인물은 독특한 면이 있다는 걸 알 수 있다. 왕이 아니었음에도 탄생 설화가 있다. 심지어 그의 성 '김' 씨는 그가 금빛 궤짝에서 나왔기 때문에 붙었다. 그만큼 귀한 인물이라는 것. 실상 『삼국사기』에 등장하는 그의 기록은 탄생 설화 말고는 남아 있는 게 없다. 그 어떤 정치적 영향력도, 업적도 남아 있는 게 없다. 오로지 김씨 왕조의 시조라는 것뿐이다. 여기서 짐작할 수 있는 건, 김씨 일가가 신라의 왕위에 오르는 과정에서 피지배 계급이 이해할 수 있는 무언가가 필요했을 거라는 점이다. 그의 7대손은 미추이사금이다. 제12대 왕인 첨해 이사금이 후대를 잇지 못하고 사망하자 제13대 왕이 되었다. 그는 제11대 조금 이사금의 사위이자 외삼촌이었다.

왕위에 오른 미추왕은 박 씨나 석 씨가 아닌 최초의 김 씨 출신 왕이었다. 아무래도 정치 기반이 약했을 것이다. 김알지가 금빛 궤짝에서 태어나는 이야기는 이 과정에서 만들어졌을 가능성이 높아 보인다. 그는 자신의 선조를 하늘이 내린 인물로 만들어 왕권을 강화하고자 했던 것은 아닐까. 이에 대한 기록은 찾지 못했다. 역사에 가정은 의미가 없는 일, 그러나 비어 있는 공간을 채우는 상상력은 이따금 이렇게 여행에 재미를 더하는 요소가 된다.

가을이 물든 왕릉

역사의 진실은 늘 우리가 알 수 없는 영역에 있다. 물론 역사 이야기는 재미있다. 그러나 그 진실을 유추하고 가려내는 역사학자가 아닌 이상 구태여 매달릴 필요는 없다. 사실이 아니어도 이 숲에 깃든 이야기를 음미할 정도면 족하다. 그래도 충분히 흥미로운 여행이

될 수 있다. 대릉원에 들어서면 누구나 가장 먼저 찾아가는 곳은 첨성대다. 그 뒤로 돌아 맞은편을 보면 월성이 있던 언덕 아래로 숲이 보인다. 이곳이 탈해 이사금 당시 시림, 지금의 계림이다.

계림이라는 이름 자체도 김알지의 설화에서 비롯됐다. 금빛 궤짝을 발견하던 그날, 나무 아래에서 울던 흰 닭에서 유래했다. 신라 사람은 닭을 신성시했다. 어둠을 몰아내고 아침을 알리는 동물이어서다. 황금 상자는 권력을 상징한다. 그러니 이 숲은 앞으로 김알지의 후손이 권력을 쥐고 새로운 세상을 열 것이라는 예언자적 존재였던 셈이다. 김알지의 등장 이후로 시림始林, 구림鳩林이라 부르던 이 숲은 계림이라는 새 이름을 얻었다. 신라의 다른 이름이 계림이었다는 걸 상기하면, 이곳이 경주의 다른 어떤 곳과도 비교할 수 없을 만큼 중요하고 신성한 숲이라는 것도 짐작해 볼 수 있다.

오래전 신화가 태어난 숲은 가을에 잠겨 있었다. 늦가을이 가기 전 서둘러 찾은 보람은 충분했다. 아직은 군데군데 초록빛이 남아 있었고, 나무 대부분은 곱게 물든 단풍을 가지마다 거머쥔 채였다. 이 안에는 회화나무, 느티나무, 버드나무를 비롯해 총 25종이 자라고 있다. 전체 수는 510그루. 이중 직경이 100cm 이상이 15주다. 이 숲이 얼마나 깊은 역사를 가졌는지를 단적으로 보여주는 나무들이다. 숲의 크기도 23,023m²약 7,000평로 결코 작다고 할 수 없는 규모다.

잎이 떨어지고 있었지만, 가을의 정경은 가야 할 길로 떠나기를 머뭇거리는 모습이었다. 아직도 온통 알록달록했다. 절정의 시기였어도 좋았겠지만, 만추의 느낌은 신화의 숲과 더할 나위 없이 잘 어울리는 느낌이다. 저물어버린 왕국의 숲을 걷는 기분은 낙엽과 대비되어 말로 형용하기 어려운 감정에 젖어 들게 했다. 누군가에게는 쓸쓸한 풍경일 수 있어도 생각하기에 따라 눈에 보이는 모습은 달리 다가오기 마련이다.

계절을 앞질러 더 빨리 왔다면 첨성대 주변으로 안개처럼 흩날리는 핑크뮬리도 볼 수 있었을 테지만, 이미 빛이 바래져 버렸다.

옛사람의 장신구를 장식했던 비단벌레 모양을 한 비단벌레 차는 첨성대를 지나 계림을 가로지르며 사람을 연신 실어 날랐다. 계림을 통과해서 나아가면 월성과 그 너머 월정교까지 이어진다. 그 사이의 교동 최 씨 고택과 향교, 교촌마을을 지나가도록 도로가 이어지고 있다. 경주를 여행하는 여러 코스 중 이곳을 빼놓을 수 없는 이유다.

이곳을 찾은 대부분이 가족 혹은 연인이다. 경주가 제주도와 더불어 화려하게 부활하면서 이곳을 찾아오는 사람은 점점 늘어나는 추세다. 하긴 한반도에서 이만큼 여행 인프라를 잘 갖춘 도시도 많지 않다. 고대의 도시는 현재의 추억을 빚어 내는 여행지가 되어 있었다.

숲 정보	경주 대릉원 계림
주소	경상북도 경주시 교동 1
풍광	●●●●○
난이도	●○○○○
태그	#성스러운숲 #김알지 #탄생설화

경주아화전통국수

경상도는 지역마다 국수로 일가를 이룬 집이 있다. 이제는 너무나 유명해진 구포국수 같은 곳이 그런 예라고 할 수 있다. 경주에도 외부에 거의 알려지지 않았다가 이제야 주목을 받기 시작한 가게가 있다. 아화전통국수라는 상호의 이곳은 50년 넘게 대를 이어 가며 국수의 본질에 집중해 왔다. 국수 공장만 운영해 왔지만 몇 년 전 동천동에 식당을 내면서 본격적으로 이름을 알리고 있다. 근래 경주 몇 곳에 분점이 생겼다. 잘 만든 국수가 얼마나 매력적인지를 경험할 수 있는 식당이다.

주소 | 경북 경주시 알천북로233번길 5(동천점)
전화 | 054-773-0307

경주원조콩국

경주 여행에서 먹을 것을 찾는다면 단연 첫 번째로 고려해 볼 만한 메뉴다. 새벽 5시부터 문을 여는 이 가게의 콩국은 아주 특별하다. 따뜻한 콩국만 종류가 세 가지다. 각각 검은깨, 검은콩, 꿀, 찹쌀도넛이 들어간 것, 들깨에 달걀노른자, 흑설탕을 뿌리고 참기름을 두른 것, 찹쌀도넛, 들깨, 달걀노른자, 흑설탕이 들어간 것 등으로 나뉘어 있다. 무엇을 고르든 후회가 없을 만큼 각기 다른 매력이 있다. 아침 식사로 제격이다. 생우거지콩국과 여름의 별미 콩국수도 훌륭하다. 70년 가까운 세월을 버텨온 노포의 맛이 각별한 곳이다.

주소 | 경상북도 경주시 첨성로 113
전화 | 054-743-9644

남정부일기사식당

짬뽕을 주력으로 하는 식당이다. 다만 우리가 알고 있는 그 짬뽕이 아니다. 돼지고기, 낙지, 채소를 한데 섞어 끓여 내는 음식이다. 원래는 돼지고기볶음과 낙지볶음을 따로 만들었는데, 둘 다 인기가 많아 선택이 힘들었던 택시 기사들의 제안으로 같이 섞어 내기 시작한 것. 그 결과 익숙한 이름의 전혀 다른 이 집만의 음식이 탄생했다. 칼칼한 맛과 다채로운 씹는 맛이 즐겁다. 경주 현지인이 왜 이곳을 추천하는지 이해가 간다. 역시 경주에 숨어 있는 대표적인 노포다.

주소 | 경상북도 경주시 배리1길 3
전화 | 054-745-9729

퇴근길 숯불갈비

경주 인근에는 예부터 소를 키우는 목장이 많았다. 그래서 저렴한 가격에 한우를 먹을
수 있는 집이 곳곳에 많았다. 쇠고기 구이로 이름을 알린 가게가 시내 곳곳에 자리하
고 있는 이유다. 그만큼 오랜 역사를 가진 집도 많다. 그중 대표적인 식당이 이곳이다.
예전에는 경주의 직장인들이 퇴근 후 이 집에 모여 술잔을 기울이는 모습을 흔하게 볼
수 있었다. 허름한 구옥에 1980년대에나 볼 법한 내부지만 신선한 고기가 주는 감칠
맛은 일품이다.

주소 | 경상북도 경주시 금성로 190
전화 | 054-743-9933

황룡사지 청보리밭

과거 서라벌의 중심은 황룡사였다. 동북아시아에서 가장 주목받는 대도시였던 서라벌
은 불교를 중심으로 통일을 이뤘고, 그 위상을 보여주듯 황룡사의 높다란 9층 목탑이
높이 솟아있었다. 이제는 절터만 남아 있지만, 그럼에도 불구하고 이곳을 찾아야 하는
이유는 충분하다. 바로 곁에 경주의 필수 코스 분황사가 있고, 황룡사지역사문화관도
꽤 둘러볼 만하다. 4월의 꽃이 질 때쯤에는 절터 인근이 온통 청보리밭으로 뒤덮인다.
그 위에서 파릇한 새 생명의 기운이 가득한 들판을 노니는 재미가 각별하다.

주소 | 경상북도 경주시 구황동 832

1, 2 경주아화전통국수
3 경주원조콩국

4 남정부일기사식당
5 퇴근길 숯불갈비
6 황룡사지 청보리밭

5. 전라도

chapter 01

고양이섬의
보물

고흥 애도 난대림

전라남도 고흥군 봉래면 애도길 41

고흥의 작은 섬에 '고양이섬'이라는 별명이 붙었다. 그만큼 고양이가 많다. 이 섬을 찾아야 할 시기는 따로 없다. 봄부터 가을까지 언제나 꽃이 만발한다. 그 꽃밭을 찾아 드는 여행자도 갈수록 늘어난다. 하지만 아무도 눈여겨보지 않은 이 섬의 진짜 주인공은 따로 있다. 섬 안의 난대림이다.

쑥이 맛있는 섬

섬의 이름은 애도. 다른 이름도 있다. 쑥섬이라는 고운 느낌의 우리말이다. 사실 둘은 같은 뜻이다. 우리말인 쑥섬을 한자로 쓴 게 애도다. 애도의 '애'가 쑥 애艾다. 이쯤 밝혀두면 꼭 질문이 날아든다. "이섬에 쑥이 그렇게 많으냐?"라고. 그건 아니다. 여기서 자라나는 쑥의 질이 좋아서 그런 이름이 붙었다. 쉽게 설명하자면 쑥이 그만큼 맛있다는 의미다. 쑥이 맛있는 섬. 여기를 봄에 가야 할 이유이기도 하다. 그렇지만 쑥섬을 찾아 쑥을 뜯어 보라고 권하지는 않겠다. 당신에게는 쑥 한 줌에 지나지 않겠지만 찾는 사람마다 뜯어 가는 한 줌이 모여 쑥의 씨를 다 말려버릴 테니까. 부디 부탁하건대 섬의 물건은 지켜주시기를. 그게 오랫동안 우리가 그 섬을 즐겨 찾을 수 있는 길이다.

쑥섬은 무척 작다. 21,000m² 약 6,350평 정도다. 약간 큰 공원 수준이다. 섬 전체를 오르락내리락하며 돌아보는 데 한 시간 반이면 충분하다. 그래도 기왕 섬을 여행할 때는 오전에 들어가길 권한다. 쨍한 아침 공기에 시야가 훨씬 맑아서다. 상쾌한 느낌도 배가 된다. 이건 경험해 본 사람이라면 누구나 공감할 얘기다. 구름 한 점 없이 맑은 날 배를 타고 들어가면 섬을 둘러싼 자연을 누리는 즐거움이 자꾸만 불어난다.

쑥섬으로 들어가는 배는 나로도항에서 출발한다. 나로도는 대한민국 첨단 우주산업의 본거지라는 입지가 단단하게 구축된 섬이

다. 외나로도와 내나로도로 나뉘어 있는데 육지에서 들어가기 편리하게끔 다리가 놓였다. 본디 우주로 발사하기 위한 로켓이나 기타 장비를 실어 나르기 위해 놓은 다리였겠지만, 그 덕에 여행자가 들어가기에도 무척 수월해졌다.

나로도항은 쑥섬의 코앞이다. 배를 타면 5분도 채 안 걸리는 듯한 느낌이다. 쑥섬으로 들어가는 배는 다른 곳을 들를 겨를이 없다. 쑥섬 전용이다. 워낙 가깝지만 과거에는 섬으로 들어가기 위해 항상 별도로 배를 띄워야 했다. 이게 섬에 살고 있던 주민들에게는 무척 불편한 점이었다. 육지가 아무리 가까워도 섬에 산다는 건 고통이 따르기 마련이다. 다행히 쑥섬의 고양이 무리가 유명세를 치르면서 여행자가 점차 늘었고, 그 덕에 '쑥섬호'라는 전용 배편이 마련됐다. 나중에 알게 된 사실이지만, 섬의 주민들은 '고양이섬'이라고 부르는 걸 그리 달갑게 여기지 않는다. 정확한 이유는 모르겠다. 보여줄 게 많은 섬인데 고양이에게 섬의 이미지를 모두 뺏겨버리는 느낌이 들어서가 아닐까 조심스럽게 짐작해 볼 뿐이다.

선착장에 내리면 재밌는 건물이 여럿 눈에 들어온다. 꽃게의 집게발을 지붕에 단 꽃게펜션이며 그 곁에 선 카페이자 식당인 갈매기카페가 존재감을 강력하게 피력한다. 이름이 갈매기인데, 건물도 평범할 리 없다. 건물의 지붕에는 갈매기의 대가리가 우뚝 솟았다. 꽃게펜션과 갈매기카페 사이의 거리는 불과 50m 정도. 둘 다 적당히 서툰 솜씨로 꾸몄는데, 동심을 자극하는 듯해서 보자마자 살포시 웃음이 터진다.

섬을 일주하는 탐방로는 갈매기카페 바로 옆에 있다. 잘 보이지 않는다. 그러니 배를 타기 전 나눠주는 팸플릿을 잘 살펴볼 필요가 있다. 이 팸플릿은 여러모로 유용하니 꼭 주머니에 넣어 다니기로. 없어도 둘러보는 데 지장은 없지만 내가 어디에 있는지, 여기가 어딘지 알고 다니려면 필수다.

마을을 지키는 당숲의 육박나무

섬을 일주하는 탐방로의 시작점인 이 길에는 '헐떡길'이라는 별명이 붙었다. 긴장을 잔뜩 하고 발걸음을 떼었는데 그다지 헐떡거릴 일이 없다. 경사가 조금 있긴 하지만 초등학생도 "이게 왜 헐떡길이야?"라고 물을 만큼 걷기에 수월하다. 길을 나설 때 가졌던 긴장감이 무색해질 따름이다. 길은 울창한 숲을 관통한다.

감히 강조해본다. 쑥섬의 주인공은 고양이가 아니다. 이 숲이다. 보통은 쑥섬 정상부에 조성한 꽃밭만 생각하고 지나치기에 십상이다. 그러나 길 초입의 이 숲은 반드시 천천히 음미하면서 걸어야 한다. 이만큼 울창한 원시 난대림을 다른 곳에서는 만나기가 그리 쉽지 않아서다. 숲안은 하늘을 가리는 상록수가 말 그대로 빽빽하다. 발치에는 이름 모를 온갖 식물이 사시사철 모습을 바꿔가며 얼굴을 내민다. 예전에는 한국의 해안가와 섬에서 흔히 볼 수 있었던 후박나무도 이 섬에서 큼지막한 몸체를 그대로 드러낸다. 후박나무는 이제 좀처럼 찾아보기 쉽지 않은 존재가 됐다. 그런데 이 섬에서 바로 눈앞에 드러난 몸체를 만난다. 더구나 이곳의 후박나무는 '당할머니나무'라고도 불린다. 다시 말해 이 후박나무는 마을을 지키는 수호신이고 이 숲은 그런 당나무가 자라는 당숲이었다는 의미다.

울창한 원시림은 그 역사가 400년에 가깝다. 불과 몇 년 전까지만 해도 쑥섬에 머물러 사는 모든 이가 이 숲에 올라 당제를 지냈다. 한데 제를 지내기 위한 조건이 까다롭기 그지없었다. 제를 지내는 동안 개나 닭이 울면 무효가 된다. 그래서 이 섬에는 개와 닭이 없다. 심지어 일반 아낙도 이 숲에는 출입할 수 없었다. 지금이야 이렇게 불합리한 처사가 어딨나 싶지만, 그때는 그랬다. 우리가 관통해 온 시간의 저편에는 그런 문화가 팽배해 있던 시절이 있었다. 그 대신 그만큼의 정성으로 섬의 주민들은 숲을 가꾸고 지켜왔다. 그

덕에 400년 먹은 원시림을 아직도 만날 수 있게 됐다. 무엇이든 일장일단은 있다.

'당할머니나무' 앞에는 "이 섬을 먹여 살렸던 할머니 같은 나무"라는 설명이 붙어 있다. 글귀를 읽고 다시 보니 땅을 향해 허리를 한껏 낮춘 나무의 모습이 나이 지긋한 할머니의 등을 연상케 한다. 굽어진 가지에는 어머니의 젖가슴을 닮은 봉긋한 옹이도 솟았다. 쑥섬의 주민들은 실제로 이 나무가 젖을 내어 나로도의 사람들을 먹여 살렸다고 말한다.

이 난대림에는 다른 곳에서 보기 힘든 슈퍼스타가 하나 더 있다. '해병대나무', '국방부나무'라고 불리는 육박나무다. 그런 별칭이 붙은 건 나무의 수피 때문이다. 마치 해병대의 군복처럼 알록달록하다. 이 나무는 남해안 일부에만 자생하고 있는 매우 귀한 수종이다. 나무의 육질은 굉장히 단단해서 예전에는 헬리콥터의 프로펠러를 만드는 데 쓰기도 했다. 이제는 좀처럼 만나기 힘든 육박나무를 숲 곳곳에서 볼 수 있다. 수목원에서조차 보기 어려운 몸인지라 육박나무를 만나러 쑥섬을 간다고 해도 하나 이상할 게 없을 지경이다.

난대림 사이로 난 오솔길을 따라 걷다 보면 이내 눈앞으로 환하게 하늘이 열린다. 그 뒤로 아름다운 다도해의 풍광이 너른 수평선을 드러낸다. 그 자리에 서면 날씨에 따라 멀리 거문도까지 눈에 들어온다. 발길이 좀처럼 떨어지지 않는 곳이다. 한참을 머물러 그 풍광을 눈에 담다가 다시 걸음을 옮겼다. 길을 따라 조금만 더 올라가면 쑥섬의 대표적인 자랑거리인 꽃밭이 나타난다. 이 꽃밭은 여기까지 올라와야만 만날 수 있다. 바다 멀리 배를 타고 나가지 않는 이상 섬의 바깥에서는 보이지 않는다. 비밀정원이나 마찬가지다.

꽃밭에는 3월 말부터 수선화, 팬지, 여름에는 수국군락까지 온갖 꽃이 만발한다. 이곳으로 귀촌해 2000년부터 밭을 가꿔온 김상현, 고채훈 부부의 덕이다. 꽃밭 아래로 내려가면 선착장으로 향하는 길목까지 오래전부터 자생하고 있는 동백의 군락이 한자리를 차지하고 앉았다. 남쪽은 동백보다 춘백이 많다. 2월부터 늦게는 4월 초까지 빨간 꽃이 피고 지고 피고 진다. 동백나무는 꽃잎이 아니라 꽃송이가 통째로 떨어진다. 그래서 가지 위에서 한번 피고 땅 위에서 다시 한번 핀다. 운이 좋다면 4월 중순까지는 동백나무 아래에 깔린 빨간 카펫을 마주할 수도 있다. 그 광경을 보지 못했다고 아쉬워하지는 말자. 우리에게는 내년 봄이 남아 있으니 말이다.

숲 정보	고흥 애도 난대림
주소	전라남도 고흥군 봉래면 애도길 41
풍광	●●●●●
난이도	●○○○○
태그	#고양이섬 #당할머니나무 #육박나무

갈매기카페

작디작은 애도에 먹거리에 대한 기대를 품는다는 건 어쩌면 무리라고 생각할지도 모른다. 단언컨대, 그건 편견에 불과하다. 갈매기카페는 훌륭한 버거와 해물 국수를 팔고 있다. 프랜차이즈와 비교해도 뒤지지 않는 버거가 일품이다. 크기가 꽤 커서 아이들이 들고 먹기 부담스러울 정도다. 안에 든 내용물도 아주 알차다. 패티부터 소스, 채소 등 모든 재료에서 정성을 다해 만들었다는 게 느껴진다. 이외에도 계절에 따라 해물국수, 비빔국수, 돈가스, 뚝배기 콩불덮밥 등 다양하게 메뉴를 구성하고 있다.

주소 | 전라남도 고흥군 봉래면 애도길 43
전화 | 010-4931-1578

나로우주센터 우주과학관

고흥을 대표하는 여행지라면 단연 첫손에 꼽을 만한 곳이다. 고흥의 나로도에는 한국의 기술력으로 만든 최초의 위성을 발사한 발사장 나로우주센터가 있다. 평소에도 이곳을 찾는 사람이 많은데, 가족 단위로 방문하는 사람들을 위해 만든 상설 전시장이 우주과학관이다. 여기서는 우주에 관한 기본 원리와 함께 로켓, 인공위성, 우주탐사 등을 테마로 한 90종의 전시를 관람할 수 있다. 시설도 좋고 체험 거리도 많아서 아이와 함께 찾기에 안성맞춤이다.

주소 | 전라남도 고흥군 봉래면 하반로 490
전화 | 061-830-8700

순천횟집

목포부터 여수에 이르는 전라남도의 해안은 철마다 먹어야 할 해산물의 종류가 다양하다. 그중에서도 겨울이면 삼치회가 별미다. 고흥 역시 삼치회로 유명한 고장이다. 나로도항 일대는 겨울의 별미 삼치회 전문점이 많기로 유명하다. 순천횟집은 나로도항 현지인 여럿이 추천하는 집이니만큼 믿고 찾을 만하다. 가게는 소박하지만, 삼치회의 맛은 결코 평범하지 않다. 맨 김에 뜨거운 밥을 올려 양념장을 찍어 먹는 그 맛은 겨울 최고의 일미라 할 만하다.

주소 | 전라남도 고흥군 봉래면 나로도항길 117
전화 | 061-833-6441

1 갈매기카페
2 나로우주센터 우주과학관
3 순천횟집

chapter 02

섬 사람을
살게 한 소금
그리고 숲

신안 증도 한반도 해송숲

전라남도 신안군 증도면 우전리 산1

몇 번을 가도 여행지의 숨은 얼굴을 못 보는 경우가 많다. 아예 모르고 지나치는 경우는 허다하다. 알게 돼도 그 진면모를 확인하기 쉽지 않은 곳도 있다. 신안 증도의 해송숲이 그런 경우다.

소금이 먹여 살린 땅

신안은 무안에 뿌리를 둔 가지다. 지금은 엄연히 서로 다른 지역으로 갈라졌지만, 무안에서 떨어져 나온 땅이다. 정확히 말하자면 1,025개의 섬으로 이루어진 지역이다. 신안군에 속한 섬의 수는 국내 전체 섬의 약 25%를 차지한다. 서해의 남서쪽에 걸쳐 넓게 흩어진 섬은 대부분 신안군 소속이라고 해도 과언이 아닐 정도다. 전라남도에서 물산이 풍부하기로는 둘째가라면 서러웠던 무안군 입장에서는 1962년 신안군이 독립한 것이 큰 타격이었을 테다. 무안은 이미 19세기 말 목포가 떨어져 나가는 아픔을 겪었던 바 있다. 신안은 '새로운 무안'이라는 의미를 담은 이름이다. 그렇다고 무안군이 다시 태어난 것도 아니건만…. 신안을 향해 다가갈 때마다 무안이 가졌을 아픈 속내가 보이는 듯해서 늘 안타깝다.

　　그럼에도 바다가 눈앞에 펼쳐지고 육지에서 너른 해양을 향해 달리는 기분은 제법 상쾌하다. 증도로 들어가기 위해서는 지도를 먼저 거쳐야 한다. 지도는 신안군청이 있는 신안군의 중심에 해당하는 섬이다. 육지에서 섬으로 건너가 다시 섬으로 나아간다. 두 개의 다리를 건너 바다를 가로지르면 증도에 닿는다. 신안군의 섬 중에 제법 이름이 난 곳은 대부분 배를 타고 가야 하는 경우가 많다. 섬이 섬답기를 바라는 대중의 마음인 걸까. 연륙교가 놓이고 또 놓여 육지에 맞닿은 섬이어도 섬은 섬이다. 증도는 다른 섬 못지않은 매력이 넘치지만 이제야 조금씩 사람의 관심을 받는 중이다.

　　원래 증도는 염전으로 유명한 섬이었다. 지금도 증도 전체의 ⅓이 소금밭으로 사용될 만큼 너른 갯벌이 염전으로 사용되고 있다.

그중 가장 큰 비중을 차지하는 건 태평염전이다. 이곳에서 일구는 소금은 국내에서 유통되고 있는 소금의 80%에 달한다. 소금이 증도를 먹여 살린다는 말은 괜히 나온 게 아니다. 다만 증도의 염전이 처음부터 이토록 발달했던 건 아니다. 염전을 하기 좋은 여건을 가졌기에 소금기에 기대어 사는 사람이 있었지만, 그 사업이 활황을 이루게 된 건 아이러니하게도 6·25전쟁이다. 포화를 피해 뗏목을 타고 도망 온 사람 중 많은 수가 조류를 타고 증도에 닿았다. 그 난리 통에도 먹고살아야 했으므로 염전에 나가 일을 했고, 그래서 증도의 소금은 생산량이 크게 늘었다. 그때부터 지금까지 증도는 소금이 사람을 먹여 살린 섬이 된 셈이다.

10만 그루 빽빽한 속살

증도의 숲 이야기가 나왔을 때 의외라고 생각했던 건 그런 이유에서였다. 대한민국을 대표하는 숲의 목록을 추리다 보면 외딴섬의 숲이 등장하는 경우가 상당히 많다. 그럼에도 증도는 알려진 게 그리 많지 않고 소금과 짱뚱어가 여행담의 대부분을 차지했던 터라 숲을 돌아볼 생각은 하지 못했다. 그래서 세 번이나 증도를 다녀왔음에도 다시 증도로 발길을 옮겨야 했다.

　증도는 결코 작은 섬이 아니다. 증도의 숲도 결코 작지 않다. 무려 10만 그루에 달하는 해송이 군락을 이루고 있다. 해송 군락지가 있다는 건 이 숲의 용도가 방풍림이었다는 걸 의미한다. 끝도 보이지 않을 만큼 너르게 펼쳐진 염전을 지나 섬을 반 바퀴 돌면 비로소 엄청난 규모의 해송숲이 모습을 드러낸다. 해송은 곰솔이라고도 부른다. 멀리서 보면 그 빛깔이 거무튀튀하게 보여서 검은 솔, '곰솔' 이라고 한다. 한자어인 해송과 달리 순우리말이다. 해안가에서 자라는 곰솔은 모래사장 뒷자리에 터를 잡은 경우가 많다. 바닷가에 촘촘히 뿌리를 내린 덕에 해안사구의 모래가 유실되는 걸 막아주는

역할도 한다.

이 숲은 해송 군락지치고 크기가 아주 크다. 적어도 직접 다니면서 보았던 섬 중에서는 가장 큰 규모가 아닐까 싶다. 90만m²약27만2,000평라는 방대한 땅에 빽빽하게 자리를 잡았다. 적당한 곳에 차를 세운 뒤, 한쪽으로 바다를 두고 다른 한쪽에 숲을 끼워서 한참을 걸었음에도 숲의 끝은 좀처럼 닿지 않았다. 마치 멀리 아련하게 보이는 오아시스가 아무리 걸어도 닿지 않는 것처럼 숲의 끝에서 끝을 향해 걷는다는 건 단순한 산책의 수준이라고 하기 어려울 수준이다. 숲이 좋아서 한번 걸어볼 요량이라면 조금은 마음을 다잡고 시작하는 게 좋겠다.

숲 안쪽으로 들어서면 언제나 기분이 상쾌해지는 걸 느낀다. 특히 바닷가의 숲은 비릿한 바닷내음과 상쾌한 피톤치드의 느낌이 공존한다. 숲을 따라 걸을 수 있는 길은 여러 갈래인데 5개 구간에 걸쳐 총 40km에 달하는 트레킹 코스가 만들어져 있다. 그중에서도 추천하고 싶은 건 바닷가 모래사장 가까이 난 산책로와 숲 가운데에 난 제법 너른 길이다. 바닷가를 따라 걸으면 쉴 새 없이 밀려드는 파도 소리를 벗 삼을 수 있어 좋다.

걷는 일은 무아지경으로 들어가는 방법이기도 하다. 겨울에도 숲의 안쪽은 바람이 잔잔하고 곁으로 들리는 바다의 반복적인 속삭임은 정겹다. 온갖 상념에 사로잡히다가도 걷는 동안 머릿속은 비워지고 내딛는 발걸음도 가벼워진다. 행선行禪, 걸으면서 하는 선 수행이 별 건가 싶어진다. 걷다 지루해지면 눈앞에 등장하는 샛길로 나가 다른 코스를 걸으면 그만이다.

하늘에서만 보이는 지도

숲이 울창해서 오랜 역사를 가진 듯싶지만 의외로 이 숲은 60년 정도의 수령에 불과하다. 1950~60년대에 숲을 만들었다고 알려져

있다. 증도는 모래가 많은 섬이다. 바람이 불 때마다 백사장에서 날리는 모래가 온 섬을 뒤덮었다고 한다. 이로 인한 피해가 막심해서 조성한 게 지금의 해송 군락지다.

섬에 모래가 많다는 건, 물이 부족하다는 의미이기도 하다. 비가 내려도 빗물은 고이지 않고 모래 사이로 빠져나가 버린다. 예전부터 증도를 일컬어 '시리섬', '시루섬'이라고 불렀던 건 이런 섬의 특성에 기인한다. 해법이 없는 건 아니었다. 모래를 깊이 파서 물이 고여 있을 만한 지층을 찾아내면 식수를 해결할 수 있었다. 이렇게 모래를 파서 맑은 물이 솟아오르도록 한 곳을 '모래치'라고 부르는데, 숲에는 곳곳에 이런 모래치가 남아 있다. 길가에 고인 둠벙은 대부분 모래치라고 봐도 무방하다. 증도의 오아시스인 셈이다.

증도의 해송숲은 그 형상이 한반도와 닮았다. 이것이 처음 조성할 때부터 의도했던 것인지는 좀처럼 확인하기 어렵다. 그렇다고 그 모습을 숲 가까이에서 확인하는 것도 불가능하다. 그 모습이 궁금하다면 방법은 숲 오른편 멀리에 슬쩍 솟아오른 산을 오르는 것뿐이다. 물론 요즘은 드론을 띄워서 볼 수도 있다. 하늘 위로 시선을 올려서 바라본 해송숲은 완연히 한반도의 모양을 하고 있었다. 해안을 따라 늘어선 모양새가 영락없다. 묘한 감정이 피어오르게 하는 숲이다.

숲 정보	신안 증도 한반도 해송숲
주소	전라남도 신안군 증도면 우전리 산1
풍광	●●●●○
난이도	●●○○○
태그	#한반도지형 #모래치 #곰솔

짱뚱어다리

증도의 너른 갯벌 위에 떠 있는 470m 길이의 목교다. 증도의 명물로 불린다. 이 다리 위에 올라서면 갯벌에 서식하는 온갖 생물을 관찰할 수 있다. 짱뚱어는 청정한 갯벌 위에서만 서식하는데, 이 다리 밑의 갯벌에 굉장히 많은 수의 개체가 살고 있다. 교각의 모양을 짱뚱어가 뛰어가는 모습으로 만들어서 '짱뚱어다리'라는 이름이 붙었다. 물이 빠진 갯벌에서는 짱뚱어뿐 아니라 농게, 칠게 등도 볼 수 있고 물이 들어차면 마치 바다 위를 거니는 듯한 기분을 만끽할 수 있다.

주소 | 전라남도 신안군 증도면 증동리

짱뚱이네식당

신안군 일대는 바다에서 건져 올린 온갖 먹거리가 풍부한 지역이다. 그중에서도 증도의 특산물 중 하나는 역시 짱뚱어. 증도 일대에는 짱뚱어를 취급하는 식당이 많다. 짱뚱이네식당은 증도 현지인이 추천하는 대표적인 짱뚱어탕 전문점이다. 이외에도 장어탕, 낙지연포탕, 낙지탕탕이, 낙지초무침 등을 내놓는다. 손맛 좋기로 이름난 신안군이니만큼 맛은 두말하면 잔소리. 뭘 시키든 만족도가 매우 높은 곳이다.

주소 | 전라남도 신안군 증도면 우전길 17-12
전화 | 010-3186-7589

태평염전

신안 증도는 조수 간만의 차가 매우 큰 섬이다. 그래서 염전을 일구기에 좋은 조건을 가지고 있다. 태평염전은 이런 증도의 자연을 이용해서 만든 곳으로 무려 140만 평에 달하는 국내 최대 규모의 염전이다. 이곳에서 생산하는 천일염이 국내에서 생산하는 소금의 대부분을 차지할 만큼 어마어마한 생산 능력과 품질을 갖추고 있다. 이 염전은 그 자체로 관광지이기도 하다. 해조류를 이용한 메뉴를 선보이는 레스토랑과 함께 갯벌에 서식하는 염생식물을 관찰할 수 있는 식물원 등이 있다.

주소 | 전라남도 신안군 증도면 지도증도로 1083-4
전화 | 0507-1377-0370 (태평염생식물원 061-275-7541)

1 짱뚱이네 식당
2, 3 태평염전

chapter 03

해송 아래 누워
즐기는 여유

진도 관매도 해송숲

전라남도 진도군 조도면 관매도길 59-12

섬은 삶이 척박할 수밖에 없는 공간이다. 한정된 공간 안에서 생존하는 것이 매일의 숙제이기 때문이다. 관매도에는 그 척박한 섬사람의 삶을 지켜주던 숲이 있다.

캠퍼를 맞이하는 숲

아픈 기억이 아직도 가시지 않은 진도 팽목항에서 배를 탄다. 거리로는 24km. 한 시간 반 정도, 바다를 가르며 유유히 나아가던 배가 관매도에 뱃머리를 이었다. 관매도는 진도의 관할 아래 독거도, 청승도, 신의도, 죽항도, 개의도, 슬도와 함께 독거군도를 이루는 섬. 물이 빠지면 이웃하고 있는 각흘도, 항도, 방에섬 같은 작은 섬과도 연결된다. 관매도는 오래전 선비 조 씨가 귀양 가던 중에 백사장을 따라 무성하게 핀 매화를 보고 관매도라 이름 지었다고 전한다. 하지만 이제는 이 섬의 해안에서 매화가 보이지 않는다. 멸종한 것으로 추정하고 있다. 이름은 매화가 보이는 섬인데 정작 매화가 없다는 아이러니랄. 대신 이 섬의 주인공은 곰솔이다. 세찬 바닷바람을 막아선 소나무가 해안가를 따라 길게 늘어섰다.

　배낭에 장비를 넣어 캠핑을 떠나는 백패킹이 유행하면서 마니아 사이에 관매도의 이름이 자주 오르내렸다. 불과 몇 년 전부터 시작한 관매도에 관한 관심은 이 작은 섬을 백패킹의 성지로 등극시켰다. 섬으로 떠나는 백패킹은 1박 2일 정도 머물다 떠나는 게 보통이지만, 관매도를 찾아온 사람은 2박을 하고 가는 경우도 많다. 그만큼 이 섬은 매력적이다. 백패킹 마니아를 사로잡는 섬의 매력 중에서도 역시 가장 큰 이유가 되는 건 소나무숲이다. 유연한 몸짓으로 하늘을 향해 뻗어 나간 곰솔 수백 그루가 폭 200m로 2km에 걸쳐 이어진다. 면적만 99,000m² ^{약 3만 평}에 달한다.

　드넓은 송림의 나무 사이 적당한 곳마다 덱이 놓여 있다. 그 덕에 사철 언제나 캠핑하기에 좋다. 캠퍼들은 덱 위에 작은 텐트를 치

거나 나무 사이 적당한 공간에 자리를 잡는다. 그렇게 하루 혹은 이틀 몸을 의탁한다. 먼바다에서 불어오는 거센 바람은 숲이 막아주고 위로는 따스한 햇볕이 가지 사이로 쏟아진다. 남쪽 바닷가라 겨울에도 캠핑을 즐기기에 나쁘지 않은 환경이다. 이곳을 다녀간 캠퍼들은 일상으로 돌아가서도 좀처럼 이 숲을 잊지 못한다. 다른 이에게 이야기를 건네고, 그 이야기를 좇아 끊임없이 새로운 캠퍼가 이 섬을 찾아온다.

　　기다란 관매해수욕장 뒤편으로 곰솔 숲이 병풍처럼 늘어섰다. 멀리서 보면 해변으로 나온 사람은 작디작은 생명체에 불과하다. 맑은 비췻빛 바다가 밀려오고 밀려나는 이 아름다운 바닷가에 처음 소나무를 심은 건 1600년경이라는 설명이 있다. 강릉 함씨가 섬으로 들어와 마을을 이루고 나무를 심었다는 것. 원래 이 섬의 처녀는 모래 서 말을 먹어야 시집을 간다는 말이 있을 만큼 관매도는 모래바람이 지독했다. 재밌는 것은 똑같은 문구를 서해안의 여러 섬에서 들을 수 있다는 사실인데, 그만큼 섬의 바닷바람이 거세다는 방증일 거다.

나무를 지켜라

가뜩이나 척박한 섬에서 시시때때로 일어나는 모래바람은 주민들을 괴롭게 하는 섬의 심술 같았을 것이다. 섬에 뿌리를 두고 살고자 했던 이는 살기 위해 소나무를 심었고, 그 뒤로 거센 모래바람은 눈에 띄게 잦아들었다. 관매마을에 사는 사람들 사이에는 "조상들이 억새를 엮어 바람을 막아 소나무 묘목을 길렀다."라는 옛이야기가 전설처럼 전해진다.

　　이제는 폐교가 된 관매초등학교에 가면 그 역사를 온몸으로 보여주는 나무들이 있다. 학교 주변의 곰솔은 둘레만 평균 42cm에 달한다. 수령은 150~300년 정도로 보인다. 그 오랜 시간 섬에서 버

팀목 역할을 했던 송림도 사람의 손에 수난을 당해야 했던 때가 있었다. 일제 강점기에 전봇대로 쓰려고 곧고 굵은 소나무를 숱하게 베어 해변에 쌓아두었는데, 전쟁이 끝나는 바람에 그대로 썩어버렸다는 설명을 섬의 주민이 들려준다.

이 섬에서 살기 위해서는 소나무를 지키는 것이 중요했으므로 주민들은 어떻게든 이 방풍림을 지키려 했다. 지금처럼 화석연료를 쓰기 전, 땔감을 구해 불을 지피던 시절에는 나무를 베려는 사람이 많아 매일 2명씩 보초를 정해서 숲을 지키기도 했다. 땅에 떨어진 나뭇가지는 한데 모아서 마을 모두가 똑같이 나눠 가져가고, 행여나 몰래 땅에 떨어진 것을 가져가면 그 집은 나무 배급에서 제외해버릴 정도로 엄격하게 나무를 신경 써 왔다고 한다. 그때는 "맨발로 숲을 다녀도 될 만큼 숲의 바닥에는 아무것도 없었다."라고 술회할 정도였다.

그런 곰솔 숲에도 다른 생명이 숱하게 자리를 잡았다. 땔감이 아닌 연료를 사용하면서 숲 바닥에도 소나무가 아닌 다른 식생이 무성해졌는데 팽나무, 사스레피나무, 예덕나무 같은 난대수종의 수가 눈에 띄게 불어나고 있다. 병충해로 전체의 30%에 달할 만큼 적잖은 소나무가 죽어가고 있는 반면에 다른 수종은 빠르게 번지는 중이다. 그 바람에 관매도 사람들도 고민이 많다. 지금껏 함께 공생해온 소중한 솔숲을 잃어버릴까 전전긍긍이다. 관매도는 숲이 있어 마을이 생존할 수 있었던 섬이다. 지금까지는 송림이 사람을 지켜주었지만, 이제는 사람이 이 숲을 지켜줄 차례다. 관매도를 찾는 여행자에게도 이 의무는 예외가 아니다.

숲 정보	진도 관매도 해송숲
주소	전라남도 진도군 조도면 관매도길 59-12
풍광	●●●●○
난이도	●○○○○
태그	#백패킹성지 #곰솔 #비취빛해변

관매도짜장집

관매도의 주민은 대부분 어업과 농업을 병행하며 산다. 배를 타고 나가 고기를 잡기도 하지만, 다시마와 미역, 톳, 모자반이 주요 수입원이다. 관매해수욕장에서 1.5km 떨어진 관호마을에는 바다에서 얻은 톳을 넣은 짜장면 가게가 있다. 관매도를 대표하는 노포다. 메뉴는 톳짜장면, 짬뽕, 콩국수, 탕수육 정도다. 짜장면은 소박하지만, 짜장 소스에 함께 넣고 끓인 톳은 양이 꽤 많다. 단맛이 덜하고 짭조름한 예전 짜장면의 맛이다. 소스에 가득 넣은 톳이 톡톡 씹혀서 독특한 식감을 느끼게 한다. 이 섬을 찾았다면 한번은 들러볼 만한 별미다.

주소 | 전라남도 진도군 조도면 관매도관호길 61
전화 | 010-2845-2344

chapter 04

메타세쿼이아
열풍의 시초

담양 메타세쿼이아 가로수길

전라남도 담양군 담양읍 학동리 633

담양에 대나무만 유명한 게 아니다. 메타세쿼이아라는 이름이 붙은, 키 높은 나무가 한때 담양을 대표하던 시절이 있었다. 이건 지금도 유효하다. 너무나 잘 알려진 이 가로수길은 그 미려한 풍경을 그대로 간직하고 있고, 아직도 많은 이가 이곳을 찾는다.

우뚝 솟은 가로수, 바로 그 길

이제는 설명이 필요 없는 풍경이다. 너무나 유명한, 누구나 메타세쿼이아라면 떠올리는 그런 길이 됐다. 그만큼 영화며 드라마에 자주 등장했고, 많은 이가 이 길 위에서 사랑을 나눴다. 연인이었던 사람이 가족이 되어서도 아이들을 유모차에 태우고 다시 이 길을 찾고, 그 길 위에서 사진을 찍는다. 길은 그대로인데 우리에게는 이만큼의 변화가 생겼다는 걸 그렇게 기록으로 남긴다. 국내에서 이런 가족의 변화를 기록으로 남기기 좋은 곳이 담양의 메타세쿼이아 가로수길 만한 곳이 또 있을까 싶다.

  이 길이 유명해진 건 분명 미디어의 힘이었을 테다. 그러나 그런 결과를 얻기까지는 긴 시간이 필요했다. 대중에 알려진 건 20년 남짓 정도 됐지만, 이미 1972년부터 이 길 위에 외래종인 메타세쿼이아가 식재됐다. 목적은 단순했다. 가로 경관 조성이었다. 담양읍에서 금성면 원율리까지 이어지는 5km 구간에 1,500본을 심었다. 이 기록이 국내에 메타세쿼이아가 들어온 첫 사례로 남았다. 그리고 2년 후인 1974년, 당시 내무부에서는 이 길을 전국 최우수 시범 가로수길로 선정했다. 처음 만들어질 때부터 이곳은 아름다운 경관으로 이름을 알린 것이었다. 당시만 해도 여행이라는 게 그리 쉬운 일은 아니었을 테니 입소문이 날 때까지는 오랜 시간이 걸릴 수밖에 없었다.

  그 뒤로는 익히 알고 있는 현상이 전국적으로 벌어졌다. 담양군 안에서만 메타세쿼이아가 가로수로 심어진 길이 총 52km가 넘

는다. 이뿐인가. 전국 곳곳에 메타세쿼이아 가로수길이 등장했다. 이제는 국내 곳곳을 여행하면서 심심치 않게 비슷한 풍경을 마주하게 된다. 이런 결과는 남이 일궈놓은 결과를 도입하면 실패를 줄일 수 있다는 공직 사회의 무사안일주의에서 비롯되었을 확률이 높다. 그러나 그런 걸 누가 신경이나 쓰겠는가. 그저 우리 고장을 찾아온 사람들이 담양의 이 길처럼 일부러 찾아와 사진 몇 장 찍으며 즐기면 그만일 테니. 여행자도 이런 면에 대해서는 별반 문제의식을 느끼지 않는다. 점차 창의적인 무언가를 요구하는 사회로 변모해 가면서 이제는 변화가 감지되고 있지만, 아직도 눈에 띄는 커다란 변화는 요원하다. 아무튼, 이 숲의 존재가 의미하는 핵심은 이 가로수길이 한국에서도 이국적인 절경을 만날 수 있다는 걸 보여준 사례라는 점이다. 예전의 담양이 대나무로 대표되는 곳이었다면, 이제는 메타세쿼이아까지 더해져 조금은 더 입체적인 면모를 갖추게 됐다. 하늘 높은 줄 모르고 우뚝 솟은 나무가 자아내는 이국적인 길은 더없이 아름답고, 이를 찾아온 사람들은 마냥 즐겁다.

지금도 사랑받는 영원한 원조

변하지 않는 무언가가 늘 그 자리에 있다는 건 고마운 일이다. 과거 아내와 연애하던 시절 찾았던 그 풍경이 십수 년이 지난 지금도 변함없이 거기 그대로 있어서 기뻤다. 길 위에서 무엇을 했는지, 어떤 장면이 펼쳐졌는지를 떠올리고 집으로 돌아가 그때 그 시절의 사진을 다시 찾아보게 한다. 되돌릴 수 없는 지나간 순간을 떠올리는 것만으로도 그때의 감정이 되살아나는 듯한 기분. 추억의 힘이란 그렇게 막강하다. 이게 비단 나만의 생각이 아닌 것 같다는 걸 메타세쿼이아 길을 따라 걷는 내내 실감할 수 있었다.

원래 이 길은 담양에서 순창으로 넘어가는 24번 국도였다. 과거에는 이 길의 복판으로 차량이 다녔다. 왕복 2차선을 따라 동네

버스와 여행자의 차량이 오갔다. 그러다 메타세쿼이아가 만들어낸 숲의 그늘로 들어서면 모두가 속도를 줄였다. 누가 시킨 것도 아닌데. 창문을 열고 상쾌한 숲의 공기를 들이마시고 고개를 내밀어 길의 아름다움을 누렸다. 지금은 가로수길 옆으로 별도의 새길이 났고, 가로수 안쪽은 오롯이 도보 여행자의 공간이 됐다. 이런 변화가 아섭다면 아쉬운 면모다.

무려 40년이라는 시간을 보내는 동안 처음 조성됐던 가로수길의 메타세쿼이아는 거대한 몸집을 갖췄다. 높이만 25m다. 가슴 높이의 직경은 최대 80cm에 이른다. 사실 동네마다 메타세쿼이아가 심어진 길은 몇 년에 한 번씩 나무의 윗동을 잘라낸다. 길에 비해 너무 높게 자라지 않도록 하기 위함이다. 그러고 나면 나무는 위로 더 오르지 못하고 늘 고만고만한 상태를 유지한다. 하지만 위가 잘린 나무는 앙상한 계절이 되면 한동안 보기 안타까운 모습을 하게 된다. 마치 동강이 나서 죽은 나무 같은 그런 광경이다. 하지만 다행히도 담양의 이 길은 그렇지 않다. 높디높은 나무가 하늘을 가릴 듯이 솟아올랐다. 숲은 본연의 모습을 유지할 때 가장 매력적이다. 그걸 이 가로수길이 보여준다. 원조는 역시 원조다.

숲 정보	담양 메타세쿼이아 가로수길
주소	전라남도 담양군 담양읍 학동리 633
풍광	●●○○○
난이도	●○○○○
태그	#메타세쿼이아 #가로수길 #담양의얼굴

담양 LP음악충전소

이런 곳이 있었나 깜짝 놀라게 되는 공간이다. 음악 좋아하는 사람이라면 꼭 한번 들러볼 만하다. 담양군과 광주MBC가 협업해서 만든 곳으로 원도심의 예전 죽물박물관 자리를 리모델링해서 만들었다. 1층은 카페, 2층은 광주MBC가 소장하고 있던 25,000장의 LP와 5,000장의 CD가 전시되어 있다. 오래전에 쓰던 전축들도 띄엄띄엄 각자의 자리를 차지했다. 매주 토요일 오후에는 광주MBC의 아나운서가 관람객의 사연과 신청곡을 받아 틀어주는 이벤트홀도 3층에 마련되어 있다. 라디오 공개방송을 구경하러 가는 기분으로 방문하기에 아주 적당한 훌륭한 시설이다.

주소 | 전남 담양군 담양읍 중앙로 83
전화 | 0507-1351-5734

담주 다미담예술구

담양천의 한쪽은 지금도 장날이면 꽤 시끌벅적하다. 예전에는 대나무로 만든 온갖 상품이 팔리던 죽물시장도 있었는데, 지금은 쇠락을 거듭하면서 방치되다시피 한 실정이다. 이런 공간 16채를 담양군이 사들여서 1930년대를 테마로 조성한 공간이 담주 다미담예술구다. 대나무와 메타세쿼이아로 각인된 담양의 이미지에 근대 거리의 이미지를 더한 도시재생이 이루어진 셈. 그 안에 여러 공방과 소품 가게, 카페 등이 입점해서 여행의 재미를 더한다.

주소 | 전라남도 담양군 담양읍 담주4길 24-46

1, 2 담양 LP음악충전소
3 담주 다미담예술구

chapter 05

분홍빛 꽃이
만발하거든

담양 명옥헌 원림

전라남도 담양군 고서면 후산길 103

여름의 전라도는 분홍빛으로 일렁인다. 백일 동안 꽃을 피운다는 배롱나무꽃 덕분이다. 가만히 서 있기만 해도 땀이 줄줄 흐르는 날, 시원한 처마 아래 앉아서 흔들리는 분홍빛 구름을 만끽할 수 있는 정원이 있다는 건 얼마나 매력적인가.

마음을 흔드는 분홍 구름

다녀와서 SNS에 사진을 올리고서야 알았다. 이곳을 사랑하는 사람이 많다는 걸. 명옥헌 원림은 전라남도에서 아주 잘 알려진 명소였다. 지역 사람이 자주 찾는다는 건 그만큼의 매력이 충분하다는 의미일 거다. 하물며 그들에게는 이미 다녀온 곳이니 그곳이 얼마나 좋은 곳인지도 충분히 이해할 수 있었다. 가기 전에는 몰랐던, 공간을 마주하는 순간 온몸으로 그곳이 이해가 되는 여행지. 명옥헌 원림은 그런 곳이었다.

운전해서 찾아갔음에도 뙤약볕이 감당하기 어려울 만큼 뜨거운 날이었다. 차에서 내리는 순간 땀이 줄줄 흘러내렸다. 그 더위를 뚫고 여기까지 찾아오는 사람은 줄을 이었다. 무엇이 저 발길을 이끄는 걸까. 그 의문이 풀리는 데까지는 채 5분도 걸리지 않았다. 주차장에 차를 대고 걸어 올라가니 눈에 들어오는 풍경. 단정하게 정리한 연못 주위로 피어오른 분홍빛의 구름. 마치 연못 주변을 분홍빛의 구름이 감싸고 있는 듯했다. 한여름의 꽃이 만발했고, 바람이 불면 후드득 핑크의 꽃비가 내렸다. 계곡에서 졸졸 흐르는 물 위로 그 빨간 꽃잎의 물길이 만들어졌다. 사람들은 그 모습을 담느라 발길을 멈추고 있었다. 연못 가운데 섬처럼 뜬 자리에는 커다란 나무가 자리하고 있었다. 그 너머로 기와를 머리에 올린 건물이 눈에 들어왔다. 아름다운 그림 속 풍경이 여기에 있었다.

원림은 정원을 의미한다. 정원은 정원이되 인공적인 면을 덜어 내고 자연의 모습을 그대로 살리고 그 안에 인간이 자리를 잡은

명옥헌 원림

모습을 일컫는 말이다. 서양의 정원과 한국의 정원이 다른 면이 이 지점에 있다. 인간이 개척한 인공적인 아름다움을 극대화하는 게 서양의 정원이라면, 한국의 정원은 자연의 지형과 지물을 가능한 한 고스란히 살리고 그 속에 오롯이 녹아 들어간다. 정원의 주인은 인간일 테지만, 한국에서는 자연과 인간이 공존하는 공간이다. 명옥헌의 원림은 여기에 배롱나무의 분홍빛 구름을 얹었다.

　　명옥헌 원림에 관한 기록은 1625년에 등장한다. 이곳은 명곡 오희도의 넷째 아들 오이정이 아버지를 기리고자 하는 마음을 담아서 지었다고 적혀 있다. 원래 이 자리는 오희도가 자연을 벗 삼아 살던 곳이었다. 아들 오이정은 그는 부친의 뒤를 이어 이곳에 명옥헌을 직접 짓고 기거했다. 많은 글을 읽고 많은 저술을 남겼으며 교육의 공간으로도 삼았다고 전한다. 연못과 그 둘레의 숲을 고루 갖춘 원림의 규모에 비해 명옥헌 자체는 그리 크지 않다. 오히려 소박한 느낌이랄까. 정면 3칸, 측면 2칸 정도 수준이다. 아담한 편에 가깝다고 하는 게 맞겠다.

오래도록 머물고 싶은 정원

역사의 흐름을 짊어진 건물은 지나온 시간이 그 안에 고스란히 담겨 있다. 세월의 흔적이 오롯이 보이는 나무의 색감, 어떤 이라도 너 그렇게 받아줄 것만 같은 부드러움을 내부 곳곳에서 느낄 수 있다. 한국의 건축물은 대체로 인위적인 멋보다는 담박한 맛이 두드러진다. 청빈한 삶을 추구하던 선비의 정신이라고 해야 할까. 고급스러움보다는 말끔한 멋이 시각적으로 드러난다. 마치 "무릇 선비라면 이래야 한다."라는 걸 말없이 가르치는 듯하다. 이곳을 짓고 평생을 의탁하고자 했던 인물이 어떤 성품의 소유자였는지 보이는 것만 같았다.

　　명옥헌에 이런 분위기가 짙게 밴 근원은 오이정보다 아버지

오희도에게서 찾아야 할 것 같다. 오희도는 당대의 인재 중 인재였다. 인조가 왕위에 오르기 전, 인재를 찾는 과정에서 전국을 떠돌다 호남에서 오희도를 만난다. 유비가 제갈공명을 책사로 쓰기 위해 세 번을 찾았다는 삼고초려처럼, 인조는 오희도를 세 번이나 찾아와 당신의 사람이 되어 주기를 청했다. 왕으로 예정되어 있던 인물이 이만한 노력을 기울이는 건 흔한 일이 아니다. 그만큼 그는 인재가 필요했고 오희도는 그가 원하는 기준에 딱 들어맞는 사람이었다. 그만큼 걸출한 인물이었지만 그는 끝내 인조의 제안을 거절한다. 연로한 어머니를 모셔야 한다는 이유였다. 어머니가 돌아가신 후 삼년상을 치르고서야 비로소 조정으로 나아갔지만, 이내 천연두에 걸려 세상을 뜨고 만다.

명옥헌에 올라 연못과 정원이 한눈에 내다보이는 자리를 골라 앉았다. 그 자리에 앉으니 왠지 조정의 일 따위는 안중에도 들어오지 않을 성싶다. 풍요로운 남도의 대지. 그중에 담양이라는 땅을 골라 지은 정원 그리고 그 곁에 지은 이 공간. 한양이라는 온갖 욕망이 뒤얽힌 도시에서 인조반정이 일어나 수많은 목숨이 사라지든, 태평성대가 이어지든 한없이 평화로울 것 같은 여름이다. 분홍빛 여름에 취해 신선처럼 살며 이생을 보내도 괜찮을 것 같았다.

정원을 수놓은 붉은 배롱나무의 꽃은 백일 동안 계속 피워낸다고 한다. 그래서 '백일홍'이라고도 부른다. 배롱나무의 꽃이 질 때쯤 쌀밥을 먹는다고 해서 '쌀밥나무'라는 별칭도 있다. 전라도 일대를 여행하다 보면 가로수로 심어진 배롱나무의 모습도 보지만, 서원이나 사찰에서도 자주 만난다. 여기에 담긴 뜻은 끊임없이 피고 지는 저 꽃처럼 멈추지 말고 자신을 갈고닦으라는 의미다. 한국의 정원이 으레 그렇듯, 이곳의 연못도 물에 반영된 자신의 모습을 바라보도록 만들었다. 이 역시 자신을 스스로 반추하며 성장하길 멈추지 말라는 옛사람의 조언이다.

계곡의 바위에는 우암 송시열이 쓴 '명옥헌'이라는 글씨가 있

다. 명옥헌이라는 이름은 '물이 흐를 때 옥구슬 부딪히는 소리가 난다'라는 뜻이다. 지금은 계곡의 수량이 적어 그 소리를 듣지 못했다. 그러나 그 소리가 들리는 듯한 공간이다. 인근에 600년 된 은행나무가 있으니 명옥헌을 찾았다면 꼭 감상할 만하다. 여기에는 '계마행'이라는 명칭이 붙어 있다. 인조가 오희도를 만나기 위해 이곳에 왔을 때 말을 묶어두었던 나무라는 표식이다. 마찬가지로 쓰던 오동나무가 있었지만, 지금은 고사해 버렸다.

숲 정보	담양 명옥헌 원림
주소	전라남도 담양군 고서면 후산길 103
풍광	●●●●●
난이도	●○○○○
태그	#배롱나무 #분홍빛구름 #선비의정원

딜라이트 담양

천년 역사의 담양을 빛으로 표현한 전시 공간이다. 생태와 인문학적 접근을 황홀할 만큼 아름다운 빛으로 구현해 두었다. 차량이 없다면 접근이 어렵다는 단점이 있고, 겉에서 보기에 다소 단조로워 보이기도 하지만, 표를 끊고 입장하면 바로 감탄이 터진다. 대나무숲에 뜬 둥근 달, 쏟아지는 폭포, 빛으로 관통하는 과거와 현재 등이 눈을 즐겁게 한다. 단순히 보기만 하는 것이 아니라 체험을 함께 할 수 있는 체험형 전시여서 아이를 데리고 가기에도 더없이 좋다.

주소 | 전라남도 담양군 월산면 화방송정길 21-14
전화 | 0507-1392-7220

옛날대통순대전문점

국내를 여행하는 테마로 유용한 것 중 하나는 순댓국이다. 지역마다 서로 다른 맛과 특징이 있어서 찾아 먹는 즐거움이 있다. 담양에는 대통순대라는, 다른 지역에 없는 음식이 있다. 돼지의 창자에 온갖 소를 다져 넣어 직접 만든 순대를 굵은 대나무에 넣어 함께 쪄서 만든다. 이렇게 하면 다소 질기게 느껴질 수 있는 순대의 피가 사뭇 부드러워진다. 담백한 국물도 좋고 적당히 본인 취향에 맞게 넣어 먹을 수 있도록 따로 내어 준 양념장도 좋다.

주소 | 전라남도 담양군 담양읍 죽녹원로 149 1층 102
전화 | 061-381-1622

해동문화예술촌

담양읍은 도시재생 공간이 곳곳에 자리하고 있다. 2010년 문을 닫은 '해동주조장'의 흔적을 예술문화 공간으로 탈바꿈한 해동문화예술촌이 대표적이다. '해동주조장'은 50년 넘게 운영해 오던 담양의 대표적인 양조장이었다. 그러나 지방의 그 많았던 주조장이 그랬듯, 이곳 역시 운영의 파고를 넘지 못했다. 이제는 말끔한 문화공간이 되어 담양에서 쉬이 만나기 어려운 예술 작품을 감상할 수 있는 곳으로 재탄생했다.

주소 | 전라남도 담양군 담양읍 지침1길 6
전화 | 061-383-8246

1 딜라이트 담양
2 옛날대통순대전문점
3 해동문화예술촌

chapter 06

담양천에 늘어선 거목의 그늘

담양 관방제림

전라남도 담양군 담양읍 객사리 1

얼추 10년 만이었다. 그때 보았던 그 모습은 지금도 변함이 없었다. 양쪽으로 뻗어 나간 거목의 아래에는 사람이 모여 앉아 있고, 나무 사이로 바람이 불었다.

선조의 지혜가 담긴 유산

서정적이다. 이 짧은 한 문장보다 이곳을 잘 표현할 수 있는 형용사가 있을까 싶다. 계절마다, 심지어 하루에도 언제 찾아가느냐에 따라 관방제림은 서로 다른 표정을 하고 있다. 비가 오는 날에는 그런대로, 녹음이 우거진 계절에는 또 그런대로, 각기 다른 맛이 있는 숲이다.

관방제림은 관에서 만든 제방과 숲이라는 의미에서 부르는 이름이다. 담양읍 남산리의 동정자마을을 중심으로 추정 수령 300~400년 이상의 노목이 거대한 풍치림을 형성한다. 그 길이만 2km에 면적은 49,228m² 약 1만 4,891평이다. 1628년인조 6년 영산강의 상류인 담양천 주변의 60여 가구가 홍수로 큰 피해를 보자, 당시 담양 부사인 성이성이 천 주변으로 제방을 쌓았다. 이 제방을 더 튼튼하게 유지하고자 나무를 심은 게 관방제림의 시초다. 그 뒤 1854년철종 5년에 부사로 있던 황종림이 숲을 재정비했다. 당시 이 공사에 동원한 관노비만 연인원으로 3만여 명이다.

보통은 이런 대규모의 정비가 이루어지고 나면 관리의 책임을 맡는 사람은 다른 곳으로 시야를 돌리기 마련이다. 뒤이어 부임하는 사람은 더욱이나 자신만의 치적을 만들기 위해 새로운 거리를 찾으려 한다. 그런데 담양으로 부임하는 사람마다 이 관방제림에 지극한 관심을 쏟는다. 개인의 사재까지 털어서 관리한 사례도 있었다. 이런 흐름은 마치 담양의 전통인 것 마냥 지금도 이어지고 있다. 선조들이 남겨준 유산이기 때문인 걸까. 담양의 최고 어른격인 관방제림의 나무를 어떻게 잘 보살필 것이냐가 담양군의 관심사다.

그런 보살핌 덕에 제방 위에 심은 나무들은 묵직한 존재감을 피력한다. 높이 쌓아 올린 제방은 담양천의 양쪽을 가지런하게 둘러싸고 물길을 따라 이어진다. 그 위로 나무들이 심어졌다. 가지를 넓게 펴고 키도 껑충하게 키워서 온몸으로 햇살을 한껏 받아들인다. 그 아래로 마치 터널처럼 나무가 만든 바람길을 따라 시원한 바람이 불어온다.

물론 모든 나무가 살아서 지금까지 전해오는 건 아니다. 애초에는 이 구간에 700그루의 나무가 자라고 있었지만, 현재 남아 있는 건 420그루에 불과하다. 푸조나무 111그루를 비롯해 느티나무, 팽나무, 벚나무 등 15종이 숲의 주인으로 자리하고 있다. 예전에 비해 그 규모는 절반 가까이 줄었지만, 그럼에도 나무들은 이곳에서만 느낄 수 있는 독특한 서정미를 자아낸다. 담양군 자체는 전라남도의 소도시에 불과하지만, 관방제림을 비롯한 곳곳의 아름다움을 만끽하려 찾아오는 여행객이 많다. 누가 오더라도 이 숲은 매력적으로 다가간다. 호불호가 없다는 말이다.

늦여름의 산책로

하필이면 뙤약볕이 사정없이 머리 위로 내리꽂히는 오후였다. 천변을 따라서 관방제림으로 들어서니 이미 곳곳에 놓인 벤치에는 저마다 자리를 차지하고 있었다. 벤치는 나무 그늘마다 적당한 곳에 놓여 있어 더위를 식히기에 안성맞춤이다. 주로 이 주변에 거주하는 어르신들인 듯했다. 길을 따라 걸음을 조금만 더 옮기면 그리 크지 않은 평상 몇 개도 보인다. 그 위에서는 바둑을 두거나 소일을 하면서 시간을 보낸다. 커다란 나무와 나무 사이 뻥 뚫린 그 공간을 따라 바람이 불어왔다. 이런 여름에 이런 바람은 고맙기 그지없을 따름이다.

가운데로 난 산책로를 따라 담양을 찾아온 여행객과 인근 주

민이 산책을 즐긴다. 나무 그늘이 터널을 만들어 그림자를 드리워주니 여름에도 이곳은 최고의 산책로가 된다. 걸음을 옮기다 보니 나무마다 이름표가 달린 게 눈에 띄었다. 관방제림은 역사적인 의미와 독특한 그만의 가치를 인정받아 총 420그루 중 185그루가 1991년 11월 천연기념물 제366호로 지정받았다. 국가 차원의 보호를 받는 숲은 대우도 남다르다. 나무 하나하나마다 번호를 정하고 이름표를 달아서 각별하게 보호한다. 시선을 사로잡은 것이 바로 그 이름표였던 것. 나라와 지역의 관심 덕택에 앞으로도 관방제림은 오랫동안 독특한 매력을 뽐낼 수 있겠다는 생각이 들었다.

이 산책로는 4km쯤 걸어가면 그 유명한 메타세쿼이아 가로수 길과 이어진다. 차를 가져오지 않았다면, 운동 삼아 쉬엄쉬엄 걸어서 담양의 이름을 드높인 두 숲을 단번에 둘러보는 것도 좋겠다. 눈을 현란하게 만드는 인공미가 없으니 몸과 마음이 훨씬 편안하다. 가벼운 발걸음으로 산책을 즐긴다. 먼 훗날, 젊은 날의 추억을 떠올리며 언제든 찾아갈 수 있는 숲이 있다는 건 우리에게 얼마나 큰 선물인가. 10년 뒤 아니 50년 뒤에도 저 그늘 아래를 걷는 상상을 하며 관방제림의 입구로 돌아 나왔다. 잠시 산들산들 불어오는 바람을 즐긴다. 다리를 쉬고 나니 다시 길 위에 오를 기운이 솟았다. 가방을 메고 다시 걸음을 내디딘다. 얼마 남지 않은 여름이 올해는 유독 더 짧기만 하다. 마냥 아쉬운 여름의 끝자락이다.

담양관광길

숲 정보	담양 관방제림
주소	전라남도 담양군 담양읍 객사리 1
풍광	●●●●●
난이도	●●○○○
태그	#담양천제방길 #400년노목 #천연기념물제366호

담빛길

사람이 곧 문화가 되는 길을 캐치프레이즈로 삼은, 담양천 곁의 문화거리다. 2016년
부터 문화재생사업의 하나로 만들어졌다. 담양은 문화인프라와 문화거점 공간이 부족
했던 게 사실. 이런 면을 개선하고자 시작됐다. 이 길은 담양읍의 주요 거점을 4구간으
로 나누어 각각의 색채를 부여했다. 공방거리, 담빛라디오스타(스튜디오), 구 관사(인문
학가옥), 천변정미소(천변리 정미다방), 해동주조장(해동문화예술촌) 등 다양한 문화산업
이 이 길 위에서 육성 중이다.

주소 | 전라남도 담양군 담양읍 객사3길 40

죽녹원

2005년 3월에 문을 연 대나무 정원이다. 약 310,000m²(93,800평)의 거대한 대숲이 울
창하게 펼쳐진다. 숲을 관통하는 산책로는 총 2.2km. 운수대통길, 죽마고우길, 철학
자의 길 등 8가지 주제로 길을 구성해 두었다. 이 사이를 걷는 동안 죽림욕을 즐길 수
있다는 게 이곳의 장점. 전망대에 오르면 담양천과 관방제림이 한눈에 들어온다.

주소 | 전라남도 담양군 담양읍 죽녹원로 119
전화 | 061-380-2680

진우네집국수

관방제림을 찾아오는 사람 중에는 관방제림보다 그 곁의 담빛길과 국수 거리를 찾는
경우가 더 많을 것이다. 천변으로 길게 늘어선 가게마다 국수를 팔고 있고, 비슷한 듯
저마다의 개성을 더한 메뉴를 걸어두었다. 그중에서도 진작부터 이름을 알린 집은 '진
우네집국수'다. 여기는 혼자 오든 여럿이 가든 기본은 멸치국수, 비빔국수에 사이드
메뉴인 달걀까지 시키게 된다. 담양식 우동이라고 해도 이상하지 않을 만큼 통통한 면
발에 고소한 육수와 새콤달콤한 양념장이 잃어버린 입맛을 되찾아 주는 곳이다.

주소 | 전라남도 담양군 담양읍 객사3길 32
전화 | 061-381-5344

1, 2 진우네집국수

chapter 07

600년째
봄마다
붉게 물드는 숲

강진 백련사 동백숲길

전라남도 강진군 도암면 백련사길 145

차를 몰아 달리는 내내 햇살이 따사로웠다. 창밖의 바람도 제법 푸근했다. 전남 강진 백련사로 가는 길, 봄이 어느새 곁으로 훌쩍 다가왔다.

풍요로운 땅을 굽어보는 절

봄기운을 느끼기에는 역시 남도가 제일이다. 서울의 거리를 걷는 동안 두 볼이 아릴 만큼 차가운 바람이 불었지만, 전라남도에 들어서니 공기의 입자가 달라져 있었다. 계절의 변화를 완연하게 느낀다. 아직은 늦겨울이라고 할 만한 2월에도, 얼어서 부풀어 오른 흙 사이사이마다 봄이 스몄다. 서리가 가득 들어찼던 자리마다 햇살이 깊숙하게 내려앉았고, 길 곁으로 끝 모르게 늘어선 밭에는 마늘이 푸르고 어린싹을 밀어 올려 하늘거렸다. 봄이로구나, 중얼거리다 기어이 차를 세웠다. 눈으로만 목격하기에는 슬그머니 다가온 봄이 간지러워 참을 수 없었다.

목적지는 강진의 백련사다. 이 시기의 백련사는 꼭 한 번쯤 들러봐야 할 곳이다. 겨울과 봄이 밤낮으로 서로의 기운을 밀고 당기며 다툴 때쯤, 이제는 못 참겠다는 듯 피어나는 붉은 꽃잎을 보기에 백련사만한 곳이 없다. 오후 햇살이 한창 나긋해질 즈음 절 안으로 들어선다. 저 멀리 세 살배기쯤 되어 보이는 아이의 손을 잡은 아빠가 아장아장 걷는 딸과 보폭을 맞추며 해탈문을 오르고 있었다. 이 봄이 저 부녀에게 추억의 한 장면으로 남겠구나, 지켜보던 중에 미소를 머금는다.

백련사의 원래 이름은 만덕사다. 신라 문성왕 시기 무염 국사가 창건한 절이라고 기록에 남았다. 이 절이 다시 한번 기록에 등장한 건 고려 희종 7년에 이르러서다. 원묘 국사 요세 스님이 이 절을 중창하고 백련결사를 일으키면서 비로소 백련사라는 이름이 붙는다. 당시의 백련결사는 보수적 기득권 세력인 불교의 사상적, 실천

적 변화를 꿈꿨던 개혁 운동에 가깝다. 행동보다 말이 앞서는 신앙이 아니라 몸으로 실천하며 수행자의 본분에 충실한 분위기를 조성해 기존의 불교계에 경종을 울리고자 했다. 백련결사는 원의 간섭기에 접어들면서 스스로 보수화를 거듭하며 소멸했지만, 고려 사회의 변화를 이끌어 내는 기틀이 되고자 했기에 의미 있는 행동으로 평가받는다. 그 운동의 시발점이 된 곳이 이곳 백련사다.

산의 경사를 따라 거슬러 올라가며 전각이 늘어선 사찰이 으레 그렇듯, 백련사 역시 돌계단을 따라 전각의 사이를 빠져나가며 비로소 부처의 세계에 닿는다. 건물의 끝과 계단의 출구가 맞닿은 곳에서는 '대웅보전'이라는 편액보다 그 안에 앉은 부처를 먼저 마주한다. 계단 위의 세상이 곧 석가모니의 세계임을 선인들은 그렇게 보여주었다.

대웅보전에 올라 이 절의 앞으로 펼쳐진 경치를 감상한다. 오른쪽으로 우거진 숲과 멀리 산의 능선이 섰고, 왼편으로는 강진 땅의 풍광이 한눈에 담긴다. 내륙 깊숙한 곳까지 밀려든 강진만의 바다와 그 가운데에 볼록 솟아오른 죽도가 보인다. 바다와 육지의 경계는 논과 밭이다. 이 풍요로운 땅은 육지의 산물과 바다의 산물이 풍족해서 좀처럼 먹고 사는 데 큰 걱정이 없었으리라.

1,500여 그루 동백의 숲

백련사를 찾기 이틀 전, 남도에 눈이 내렸다. 봄이 밀려오기 시작한 시기에 내린 눈은, 양도 꽤 많았다고 했다. 지평선처럼 늘어선 평야 위를 내달린 눈구름은 눈보라가 되어 남도의 곳곳에 눈발을 자욱하게 날렸다. 다음 날 구름 사이로 쨍하게 얼굴을 내민 햇볕에 금세 녹아버렸지만, 응달에는 곳곳으로 눈밭의 흔적이 남았다. 백련사 기와 위에 남아 있던 눈은 녹아서 빗물처럼 마당으로 떨어졌다. 눈 녹은 물이 후드득 떨어지며 고인 웅덩이 위에 저마다의 동심원을 그린다. 염불 소리조차 사라진 늦은 오후의 절에는 눈 녹은 물 떨어지는 소리만 요란했다.

절 밖을 다녀온 듯한 스님이 멀리서 손짓한다. 이리로 좀 와보라는 이야기다.

"사진 찍으러 오셨소? 그라믄 진짜배기를 보여 드려야제. 저그 안쪽에 난 길 보이쇼? 저그가 이맘때 진짜랑께요. 해가 떨어지기 전에 얼른 가보시오."

스님은 안경 너머로 털털한 웃음을 지어 보이더니 손가락으로 다시 한번 가야 할 방향을 일러주고 돌아서서 사라졌다. 스님이 말한 진짜배기는 동백나무숲이다. 절의 좌측부터 다산초당까지 이어지는 길목, 5만 2000m² ²약1만5000평의 대지에 1,500여 그루의 동백나무가 숲을 이룬다. 나무 한 그루당 키가 7m 안팎이니 수령도 꽤 됐을 것이다. 이 정도 동백나무숲은 전국 어느 곳을 뒤져도 견줄 곳을 찾기 어렵다. 간혹 서남해안의 섬에서 울창한 동백나무숲을 만나곤 하지만, 나무의 크기나 역사를 따져보면 역시 백련사 동백나무숲만한 곳이 없다. 조선 시대 문인인 성임¹⁴²¹~¹⁴⁸⁴과 임억령¹⁴⁹⁶~¹⁵⁶⁸은 시에 "백련사 동백나무숲의 뛰어난 경치를 직접 보지 못해 한스럽다"라는 내용을 담았다. 그러니까 아무리 적게 잡아도 1400년대 이전부터 이 숲은 명성을 얻고 있었던 셈이다.

이 숲으로 난 길은 다산 정약용과 초의 선사가 교류하던 '사색의 숲'이며 '철학의 숲'이고 '구도의 숲'이라는 문구가 보이는데, 정확히 어떤 의미에서 '사색'과 '철학'과 '구도'라는 단어와 맞닿아 있는지는 쉽게 이해하기 어렵다. 아마도 사색하듯, 이 붉은 숲을 거닐어 보라는 의미에서 그렇게 적어둔 게 아닐까 싶은데, 그걸 의도했다면 딱히 나쁘지 않은 권유다. 그러나 2월 말에서 3월 말까지 이 숲에서 피고 지고, 또다시 피고 지는 동백을 마주하며 과연 대중들이 침묵할 수 있을지는 의문이다. 동백은 나무에서 한 번 피고 땅에서 다시 한번 핀다고 했다. 붉은 꽃이 점점이 달린 나무 아래로 붉은 꽃

잎의 카펫이 펼쳐지는 광경에 사색만 할 수 있을까? 한반도의 봄에 꼭 한 번은 봐야 할 장관 중 하나로 손꼽을 만큼 대단한 이 경치를 묵언과 사색으로 즐기라는 말은 어쩌면 108배로 마음을 다스리라는 말만큼이나 어려운 주문일지 모른다.

숲 정보	강진 백련사 동백숲길
주소	전라남도 강진군 도암면 백련사길 145
풍광	●●●●○
난이도	●○○○○
태그	#사색의숲 #1500그루동백나무 #봄의전령

가우도

강진의 바다는 육지 안쪽으로 길게 들어차 있다. 이런 지형은 흔하지 않다. 그 바다 한 가운데 섬 하나가 떠올라 있는데, 이곳이 바로 가우도다. 사방으로 강진만과 무인도를 조망할 수 있고 섬 안쪽으로 후박나무, 편백나무 군락지 등이 조성돼 있다. 무엇보다 가우도를 유명하게 만든 것은 섬까지 걸어 들어갈 수 있는 양쪽의 출렁다리다. 이 다리를 따라 섬으로 들어가 잠시 트레킹을 즐기고 나올 수 있다. 정상부의 청자타워에서 출발하는 짚라인도 가우도의 명물이다.

주소 l 전라남도 강진군 도암면 신기리 산31-2
전화 l 061-430-3312

강진만갯벌탕

갯벌 생태계가 잘 살아 있는 강진만의 터줏대감은 역시 짱뚱어라고 할 수 있다. 개체 수가 많은 만큼 강진에는 짱뚱어를 잡는 사람도 많았다. 이 중 60년 넘도록 짱뚱어 낚시를 해 온 이순임 할머니는 짱뚱어 낚시의 달인이다. 한번 던지면 짱뚱어가 줄줄이 딸려 나온다. 이렇게 직접 잡은 짱뚱어로 탕을 끓이는데, 의외로 순한 그 맛이 할머니의 넉넉한 인심을 닮았다. 상호의 갯벌탕은 짱뚱어탕을 부르는 강진 사투리다.

주소 l 전라남도 강진군 강진읍 동성로 16
전화 l 061-434-8288

강진만생태공원

탐진강과 강진만이 만나는 하구는 귀한 생명이 모여 사는 보고다. 2015년 국립환경과학원이 발표한 결과를 보면 무려 1,131종의 생물이 이 하구에서 서식하고 있다. 이중 멸종위기종만 해도 1급 수달, 2급 큰고니, 큰기러기, 노랑부리저어새, 꺽저기, 기수갈고둥, 붉은발말똥게, 대추귀고둥 등 10종이나 된다. 갈대군락지도 20만 평에 달한다. 이렇게 규모 있는 생태공원임에도 불구하고 대중적으로는 순천만에 비해 덜 알려진 곳이다. 이제는 탐방로와 생태관찰 인프라를 잘 정비해 놓은 만큼 강진에서 꼭 들러야 할 장소가 됐다.

주소 l 전라남도 강진군 강진읍 생태공원길 47
전화 l 061-434-7795

수인관

강진은 맛있는 먹거리라 많기로 유명한 동네다. 여기에 가면 꼭 먹어 보라는 음식이
몇 가지 있는데, 회춘탕과 더불어 병영불고기는 늘 빠지지 않는 대표선수다. 병영면의
돼지불고기를 이르는 병영불고기는 유명한 식당이 여럿이다. 그중에서도 60년 넘는
전통을 이어 가고 있는 수인관은 늘 찾아오는 이들로 붐비는 곳이다. 무엇보다 음식
재료에 굉장히 신경 썼다는 게 음식에서 고스란히 느껴진다. 보통 사람 수에 따라 백
반을 시키는데, 작은 조기구이와 돼지족이 함께 나오는 게 특징이다.

주소 | 전라남도 강진군 병영면 병영성로 107-10
전화 | 061-432-1027

1 강진만갯벌탕
2 수인관

chapter 08

마을 곁
노거수의
용틀임

고창 삼태마을 왕버드나무숲

전북특별자치도 고창군 성송면 하고리 123

이런 곳이 많았으면 좋겠다 싶은 장소가 있다. 평범해 보여서 지나치기 딱 좋아 보이지만, 걸음을 멈추고 서서 주의를 기울이면 보이는 풍광. 일반적인 여행지에서는 볼 수 없는 모습이 놀라움을 자아낸다. 고창의 이 조용한 마을도 그런 곳이다.

여러 이야기가 깃든 마을의 비보림

대체 여기, 어디에 숲이 있다는 걸까. 목적지에는 도착했는데, 얼핏 평범한 가로수와 천변의 산책로만 보일 뿐이었다. 일단 차에서 내려 주변을 조금 더 둘러보기로 했다. 가로수로 다가가자 "와~" 하는 감탄이 터졌다. 나무 한 그루 한 그루가 저마다 다른 모습으로 용틀임하며 춤을 추고 있었다. 하나같이 아주 오래된 수령의 노거수라는 게 한눈에 보인다. 그런 나무의 행렬이 물가를 따라 길게 이어진다. '여기구나!' 하는 생각이 절로 든다. 보이기에만 특별한 게 아니다. 마을 입구에 있는 안내판을 보면 이 숲이 전북기념물 제117호라는 걸 알 수 있다.

　　여러 마을의 숲이 그렇듯 이곳 역시 비보림이다. 이 마을의 상류에는 대산천이 있다. 하류에는 와탄천으로 이어진다. 마을 어르신에게 듣기로 오래전에는 이 물길을 따라 홍수가 잦았다고 한다. 그래서 조성된 것이 이 숲이라는 설명이다. 그런데 숲이 만들어진 배경에는 이 이야기만 있는 것이 아니었다. 그중 하나가 이것이다.

　　19세기 말, 장수군의 군수였던 정휴탁이 삼태마을로 낙향했다. 그는 어려운 이를 돕고자 소를 빌려주기도 했는데, 3년 동안 빌려주어서 새끼를 낳으면 소작민이 가지고 빌려준 소는 돌려받았다. 이 정도만 해도 훌륭한 인물이라는 평가를 들을 만도 한데, 그는 여기서 그치지 않았다. 매년 백중음력 8월 15일마다 소를 빌려 간 사람들을 불러 모았다. 그는 이 자리에서 빌려준 소의 상태도 확인하고 농사를 짓느라 수고한 이들을 위로하는 잔치를 벌였다. 이때 잔치를

하던 장소가 대산천변에 있는 넓은 평지다. 그는 주변에 흔했던 왕버들의 굵은 가지를 잘라서 몇 겹으로 말뚝을 박았다. 그리고 여기에 소를 매어놓았다. 그때 말뚝으로 박아놓은 가지에서 싹이 터서 지금이 왕버들이 되었다는 것이다. 기록에 나오는 일화이긴 하지만, 그 이전부터 왕버들이 이 일대에 있었다는 걸 유추해 볼 수 있는 이야기다.

다른 설도 있다. 이 마을은 과거 600년경 무송이라는 현의 현터였다고 한다. 산수가 매우 뛰어나서 삼정승이 태어났다고 하여 '삼태마을'이라는 이름이 붙었다고 전해진다. 지금도 윤 씨, 유 씨, 하 씨가 이 마을을 본관으로 삼고 있다. 후에 정 씨의 집성촌이 형성되기도 했다. 그 당시에는 마을 앞까지 배가 들어와 정박하기도 했는데, 하천의 제방을 보호하고 배를 매어두기 위해 왕버들을 심었다는 것이다. 그 후로 하천을 따라 자라난 왕버들은 이 마을의 상징이 되어 지금에 전한다고 한다. 숲이 만들어진 배경에 대해서 어떤 것이 맞는 것인지는 알 수 없다. 한편으로는 미루어 짐작건대, 정 씨 집성촌이 먼저 조성되며 배를 매어두던 왕버들이 19세기에 이르러 정휴탁의 일화로 이어지는 게 아닐까 싶기도 하다.

하천을 따라 늘어선 12종 99그루

오래된 숲이 그렇듯이, 이 숲 역시 큰 위기가 있었다. 보통은 땔감으로 쓰려는 사람들에 의해 숲이 사라질 뻔한 경우가 많다. 그런데 이 숲은 새마을사업이 문제였다. 하천 변 정비사업을 진행하는 과정에서 천변 가로수를 벌목하는 계획이 수립됐다. 이에 삼태마을에 살던 정재철 씨가 나서서 마을의 상징인 왕버들의 벌목을 반대하고 나섰고, 어렵사리 지킬 수 있었다. 멋진 노거수가 지금까지 전해지는 건 온전히 그의 덕이다.

이 숲의 이름이 왕버드나무숲이라고 해서 왕버들만 있는 건

아니다. 수령 200~300년은 족히 될 듯한 귀목나무도 이 숲의 가족이다. 이외에도 은행나무, 벗나무, 이팝나무, 단풍버금나무 등 12종의 나무가 이 자리에서 왕버들과 함께 지내는 중이다. 전체 숲에 식재된 나무의 수는 모두 99그루. 보면 볼수록 그야말로 장관이다. 숲 전체의 모습도 그렇지만 나무 하나하나를 뜯어 보아도 그렇다. 아주 오래된 버드나무에서만 볼 수 있는 자태가 있다. 마치 용이 승천하는 듯한 모습이며 수령을 보여주는 듯한 수피의 문양 등이 각기 다른 얼굴을 하고 시선을 잡아끈다. 그대로 바라보고 있으면 이내 꿈틀거리며 하늘로 솟아오를 것 같은 느낌도 든다. 이 모두가 자연이 만든 예술 작품 같다. 걸음을 천천히 옮기며 나무를 감상하는 맛이 쏠쏠하다.

예전 대산천변에서 잔치가 열리던 날에도 이 나무는 저렇게 춤을 추고 있었을까. 수분이 많아서 오래 살기 어렵다는 왕버들이 이토록 오랫동안 생을 이어가며 자란 것도 신기한데, 마치 백중날의 잔치에서 신명 나게 춤을 추던 모습을 하고 있는 것도 흥미롭다. 멀리서 보면 평범해 보이지만 다가가면 다가갈수록 진짜 얼굴을 보여주는 숲. 알음알음 이곳을 찾아오는 사람이 늘어가는 것도 이제는 그 진가를 알아보는 이가 많아졌다는 방증이리라. 나무들은 바람이 불 때마다 가지를 흔들며 멋진 춤을 춘다. 어차피 한 생을 사는 것, 기왕이면 즐겁게 춤을 추며 즐기며 살라는 듯.

숲 정보	고창 삼태마을 왕버드나무숲
주소	전북특별자치도 고창군 성송면 하고리 123
풍광	●●●○○
난이도	●●○○○
태그	#왕버드나무 #산책길 #배말뚝

고창읍성

조선 전기, 이미 규모 있는 고장이었던 고창을 외침에서 지키기 위해 축성한 자연석 성곽이다. 모양성이라고도 부른다. 조선 단종 원년(1453년)에 쌓았다는 얘기가 있지만, 세종 때부터 짓기 시작해 단종 원년에 완공했다고 보는 시각이 주류를 이룬다. 조선 전기의 성곽이 얼마나 공고했는지를 보여주는 몇 안 되는 유적이니만큼 고창 여행에서 꼭 들러볼 만하다. 둘레만 1.6km, 내부 면적이 16만5,858㎡(약 5만 평)에 달한다.

주소 | 전북특별자치도 고창군 고창읍 읍내리 산 9
전화 | 063-560-8067

석정풍천장어

고창은 '풍천장어'의 명성이 자자한 고장이다. 고창의 주진천(인천강)과 서해가 만나는 심원면 월산리 부근에서 잡히는 뱀장어를 이르는 말이 풍천장어다. 지역에서는 주진천을 풍천강이라고도 부른다. 그래서 이런 이름이 붙었다. 고창의 갯벌이 간척되기 전에는 바다가 지금보다 훨씬 내륙 안쪽으로 흘러들어왔는데, 여기서 장어가 많이 잡히면서 유명해졌다. 고창의 또 다른 명물인 복분자주와 맛이 아주 잘 어울린다. 이 가게는 피부에 좋기로 유명한 석정온천 바로 앞에 자리하고 있어서 온천과 장어를 모두 즐기기에 매우 좋은 위치다. 늘 사람이 붐비는 이유이기도 하다.

주소 | 전북특별자치도 고창군 고창읍 석정1로 105-2
전화 | 063-564-0592

선운사

고창 도솔산에 자리한 명찰이다. 도솔산은 부처님이 있다는 도솔천의 이름에 빗댄 것으로, 미래의 부처님인 미륵신앙의 중심이 되던 곳이기도 하다. 그 안의 요충지에 앉은 이 절은 절 자체로 무척 아름답다. 더불어 계절마다 서로 다른 꽃으로 단장하는 것으로도 이름이 높다. 봄에는 벚꽃, 늦여름에는 꽃무릇, 겨울에는 동백이 앞다퉈 피어난다. 선운사 경내의 도솔암은 기도처로 잘 알려져 있고, 그 위에서 바라보는 경치가 아주 일품이다. 도솔암 아래 거대한 마애불상은 전라도 특유의 부드러운 미소가 특징이다.

주소 | 전북특별자치도 고창군 아산면 선운사로 250
전화 | 063-561-1422

1 고창읍성
2 석정풍천장어
3 선운사

chapter 09

인간이 떠난 곳에
피어난
자연의 온기

고창 운곡 람사르습지
전북특별자치도 고창군 아산면 운곡서원길 15

람사르습지는 '물새 서식지로서 중요한 습지보호에 관한 협약'인 람사르 협약에 따라 지정하는 곳이다. 독특한 생물지리학적 특징을 가졌거나 희귀한 동식물이 서식하는 곳이라는 걸 인정받았다는 증표이기도 하다. 국내에 몇 곳이 있지만, 고창의 운곡 람사르습지는 아직 많이 알려지지 않았다.

원자력발전소를 위한 저수지

운곡이라는 지명을 보면 그 동네가 얼마나 그림같이 아름다운 곳인지 짐작할 수 있다. 아침저녁으로 구름이 끼는 곳. 그래서 운곡이다. 운곡 람사르습지는 고창의 운곡리와 용계리에 걸쳐 있다. 용계리는 하늘 위에서 볼 때, 해발 340m의 산이 마치 용이 꿈틀대는 것 같은 모양을 하고 있다고 해서 붙은 이름이다. 그러니까 이쪽 지역은 구름 위를 날아다니는 용의 형상을 하고 있다는 의미가 아닐까 잠시 생각해 봤다. 이 일대에는 예전부터 8개의 마을이 여기저기 산재해 있었다. 그러니 꽤 많은 사람이 모여 살던 동네다. 1981년 큰 변화가 생기는데, 저수지가 만들어진 것. 고창에서 가까운 영광에 한빛 원자력발전소를 짓고, 이곳에 사용할 냉각수용 저수지를 만들 자리로 이 일대를 결정한 거였다. 8개 마을이 오랜 시간 삶의 터전으로 삼던 계곡은 삽시간에 비워졌다. 마을은 물 아래로 잠겼고, 이 일대의 사람들은 여기저기로 흩어졌다.

　　그때부터 신비로운 일이 벌어졌다. 인간의 흔적이 자연의 온기로 채워지기 시작했다. 40년이 지나는 동안 저수지 인근에 남아 있던 마을 터가 습기로 가득 찼다. 경사를 따라 층층이 논이 있던 자리에도, 밭이 늘어서 있던 흔적 위로도, 집터가 완연한 그 위에도 물이 차오르고 새로운 생명이 움텄다. 자연적으로 형성된 이 습지를 조사한 결과 864종의 동·식물이 서식하고 있는 것으로 나타났다. 여기에 더해 매년 조사를 진행할 때마다 새로운 종이 발견되고 있

다. 불과 40년 만에, 이 땅은 완전히 자연의 보금자리로 거듭났다.

저수지 옆에 생겨난 습지는 자연이 얼마나 놀라운 생명력을 가졌는지를 여실히 보여준다. 인간에게 주어진 힘이 자연을 극복하고 스스로 살아남을 수 있는 터전을 개척하는 것이라면 대자연의 힘은 그 자리를 빠르게 점령하고 원래의 모습 그대로 되돌리는 회복력이다. 이 힘을 가리켜 '천이遷移'라고 부른다. 사람이 깃들었던 땅에 철조망을 치고 발길을 막았을 뿐이다. 이렇게 많은 습기가 다 어디에 있었던 건지 의아할 정도로 빠른 속도로 모든 것이 바뀔 거라고는 아무도 예측하지 못했다.

세계적으로 유례가 없는 케이스

함께 습지 주변을 걸었던 자연관광해설사 고광영 씨는 이렇게 말했다.

"이 습지는 사람의 몸과 똑같아요. 알면 알수록 놀랍습니다. 사람이 버리고 떠난 땅이 이런 습지가 될 거라고 누가 생각이나 했겠어요. 이토록 빠르게 자연의 모습으로 회복했다는 건 분명 큰 의미가 있는 거예요. 사람의 몸도 자연적인 치유력이 있잖아요. 하지만 아무리 뛰어난 치유력이 있다고 해도 관리하고 보존하지 않으면 망가지기 십상이죠. 이 습지도 그렇습니다."

고 씨의 설명에 따르면 이토록 짧은 시간에 천이 과정을 거친 습지는 세계적으로도 유례를 찾기가 어렵다. 현재까지 조사된 바로는 운곡습지가 유일하다는 게 그의 설명이다. 이토록 많은 습기는 대체 어디에서 생겨난 걸까. 의문이 들 만큼 폭발적인 속도로 습기가 모였다. 사람이 살던 시절에는 이런 습기가 없었던 건지도 궁금했다. 고 씨의 말로는 아마도 예전에는 이 정도로는 습기가 없었을 거란다. 사람의 생활양식을 유지하기 위해 습기가 모이도록 내버려두지 않았을 것이기 때문이다.

원래 운곡습지 트레킹은 고인돌공원 방향에서 시작해 저수지 쪽으로 나가는 게 원칙이다. 습지 트레킹 구간은 약 2km 정도. 처음에는 덱을 따라 습지를 관통해 걷는다. 덱은 폭이 80cm 정도로 한 사람이 겨우 통과할 정도의 크기다. 덱 주변의 나무에는 온통 초록 이끼가 달라붙어 원시림의 자태를 보여준다. 거대한 밀림의 깊숙한 안쪽으로 들어가야 볼 법한 광경이 불과 십수 분 만에 눈 앞에 펼쳐지니 신비로울 따름이다. 덱이 끝나는 지점부터는 나무 아래로 몸을 숙여 건너거나 과거의 논두렁 위를 건너 습지를 건넌다. 그 길 위에서 여러 생명을 마주한다. 운이 좋다면 수달, 삵, 말똥가리, 붉은배새매, 황조롱이 같은 이 땅의 새로운 주인을 만날 수도 있다.

한 시간 남짓 길을 걷는 동안 습지의 풍경은 자주 바뀐다. 우거진 숲 안쪽을 걷다가 옛 마을의 흔적을 만났다가. 길이 단조롭지 않아 쉬이 질리지 않는 게 최고의 장점이다. 배가 고파질 때쯤이면 출발할 때 호암마을에서 싸 온 도시락을 꺼내 먹는다. 화려하진 않아도 하나하나 정성이 깃든 도시락이다. 습지를 빠져나와 운곡 람사르습지 홍보관이 보이면 비로소 짧은 이 여행은 끝을 맺는다. 길 위에서 다른 생명을 만나지 못했더라도 아쉬워하지는 말길. 인간의 존재감을 두려워하는 동물이 몸을 숨기는 게 당연한 일이니까 말이다. 대신 이곳에 살고 있는 동·식물에 관한 정보는 홍보관에 아주 잘 전시돼 있으니 서운함을 달래기에 충분하다.

습지를 가로질러 모든 여행을 마치고 나니 묘한 기분에 휩싸였다. 생태관광이라는, 우리에게 익숙지 않은 이 여행 방식이 전에 느껴보지 못한 흥분감을 전해준다. 살아 있는 자연이 여행의 대상이 될 수 있다는 가능성을 확인했다는 것도 흥미롭다. 분위기 좋은 카페에서 사진을 찍고 맛있는 지역의 먹거리를 찾아다니는 여행도 좋다. 잘 꾸며진 여행지를 둘러보는 여행의 재미도 있지만, 생명의 터전을 만끽하는 여행도 충분히 가치 있다. 그 사실을 깨닫게 해 주는 곳이 여기, 운곡 람사르습지다.

숲 정보	고창 운곡 람사르습지
주소	전북특별자치도 고창군 아산면 운곡서원길 15
풍광	●●●●●
난이도	●●●○○
태그	#핵발전소냉각용저수지 #마을터 #아시아최초

구시포해수욕장

갯벌 없이 고운 모래로 가득 찬 백사장이 아름다운 해변이다. 모래밭이라고 하면 발이 푹푹 빠지는 모습을 상상하지만, 이곳은 매우 단단하다는 게 특징이다. 길이는 약 1.7km. 바로 뒤에 소나무숲이 우거져 있다. 해수욕장의 남쪽에는 정유재란 당시 주민 수십 명과 비둘기 수십 마리가 여섯 달 동안 피난했다는 천연동굴이 있으니 한번 방문해 보는 것도 좋겠다. 저녁 무렵 낙조가 아름답기로 명성이 자자한 곳이다.

주소 | 전북특별자치도 고창군 상하면 진암구시포로 545
전화 | 063-560-2646

퓨전한정식마실

고창 현지인이 즐겨 찾는다는 식당이다. 외관은 평범해 보이지만 음식은 무척 정갈하다. 주력은 장어와 게장인데 기본 정식을 시켜도 워낙 잘 나온다. 보쌈과 복분자 떡갈비를 메인으로 가격에 따라 홍어삼합이 더해지거나 단호박해물찜 따위가 추가된다. 워낙 음식으로 유명한 전라도답게 주방의 솜씨가 보통이 아니다. 단정한 모양새에 맛도 깔끔하다. 복분자를 넣은 양념에 떡갈비를 재어 진한 육즙이 가득하다. 달고 짠 맛의 조화가 아주 훌륭한 집이다.

주소 | 전북특별자치도 고창군 고창읍 월암수월길 104-8
전화 | 063-564-4000

호암치유문화마을

48가구 70여 명이 살고 있는 호암마을은 1980년대까지 '동혜원'이라 불렸다. 과거 한센병 환자의 공동체였다는 걸 보여주는 이름이다. 처음에는 한센병 환자 세 가족으로 시작했지만, 한때는 200명이 모여 살기도 했다. 그들 곁에는 이탈리아 출신의 강칼라 수녀가 있었고, 마을 모두는 수녀를 의지해 삶의 의지를 이어갔던 곳이다. 현재는 생태관광지로 거듭나 인근의 운곡 람사르습지와 함께 전북특별자치도 여행 트렌드를 바꿔 가는 주요 장소가 됐다. 지속가능성을 이야기하는 생태관광을 위해 한번쯤 방문해 볼 만한 곳이다.

주소 | 전북특별자치도 고창군 고창읍 신월리 498
전화 | 063-563-8673

1 구시포해수욕장
2 퓨전한정식마실
3 호암치유문화마을

chapter 10

한여름
더위를 달래는
근육질나무

전북 남원 행정리 서어나무숲

전북특별자치도 남원시 운봉읍 행정리 285

장마라면서 좀처럼 비가 오지 않고 찜통 같은 더위만 이어진다. 이럴 때는 전북특별자치도 남원으로 가는 것도 좋겠다. 지리산 자락 해발 500m에 자리한 마을. 그곳에 오로지 서어나무로만 이루어진 숲이 있다.

스님의 비방으로 만들어진 숲

행정마을이라고 부르는 이 일대는 사람이 매우 드문 지역이었다. 행정마을뿐 아니라 근처의 엄계마을까지 이 일대에 촌락이 만들어진 것은 외지에서 들어온 이의 몫이었다. 세상을 등지고 지리산 자락 깊은 곳까지 들어온 그는 땅을 일구었고 하나둘 사람이 모여 마을이 형성되었다. 그때만 해도 이곳에 서어나무숲은 없었다.

이 숲이 만들어진 것은 불과 180년 전이다. 그러니까 1800년대 초반에 이르러서야 행정리에 마을이 생겼고, 숲도 조성된 것이다. 당시 한창 마을이 자리 잡기 시작하던 그때, 근처를 지나던 스님이 찾아왔다. 스님은 "들판 가운데는 마을의 터로 좋지 못한데 왜 하필이면 이곳에 터를 잡으려 하느냐?"라고 물었다. 그리고는 사람들에게 이곳에 마을을 만들지 말라며 설득하려 했다. 그러나 아무도 그의 말을 듣지 않았다. 사람들 생각이 변하기 시작한 건 오래 걸리지 않았다. 마을에 역병이 돌면서 사람들이 죽어 나가기 시작했다. 그 무렵 다른 스님이 마을을 찾아왔다. 그는 "마을 북쪽에 성을 쌓으면 액운을 막을 수 있다. 더는 불행한 일이 일어나지 않을 것"이라고 했다. 이어 "성을 쌓을 수 없다면 나무라도 심어서 숲을 만들라"라고 신신당부했다. 당시 스님이 알려준 비방으로 만들어진 숲이 지금의 서어나무숲이다.

신기하게도 숲이 생기자 마을의 전염병도 사라졌다. 심지어 일제 강점기와 한국전쟁 당시 빨치산이 지리산 일대에서 암약할 때도 이 마을에서는 부당하게 목숨을 잃은 이가 단 한 명도 없었다. 물

론 마을 사람들의 이야기만 맹신할 것은 아니다. 정확한 진실도 알수 없다. 마을의 숲은 어디를 가나 이런 일화가 하나쯤 깃들어 있다. 그 이야기를 좇으며 찾아다니는 재미가 있다. 마을의 연원부터 숲에 얽힌 이야기가 마치 할머니에게 듣는 옛날이야기처럼 구수하다.

행정마을의 서어나무숲을 찾아갈 적기는 한창 더위가 맹위를 떨치는 한여름이다. 장마라면서 비도 안 오고 찜통 같은 폭염에 지치는 요 며칠은 자꾸만 서어나무숲을 생각나게 했다. 그 숲에 가만히 앉아 있으면 한기가 느껴질 만큼 시원하다. 뒷덜미가 서늘할 만큼의 냉기마저 느껴진다.

물론 서어나무가 그런 냉기를 내뿜는 건 아니다. 나무는 그저 나무일 뿐. 잘 알려지지 않은 이야기 하나를 읊어 보자면, 이 숲의 서어나무는 사실 서어나무가 아니라는 것이다. 실상은 개서어나무다. 서어나무와 개서어나무는 이파리 끝이 다르게 생겼다. 잎의 끝이 길고 털이 없으면 서어나무, 잎끝이 짧고 털이 있으면 개서어나무다.

여름에도 15도를 유지하는 휴식처

이 숲이 이토록 서늘한 것에 대해서는 여러 해석이 있을 수 있다. 가장 많은 이의 고개를 끄덕이게 하는 설명은 마을의 지리적 위치 때문이라는 풀이다. 이곳은 지리산 해발 500m에 자리한 분지 지형이다. 고도가 제법 높아서 산 아래에 비해 기온이 낮다. 거기에 더해 서어나무는 잎이 넓은 활엽수. 강렬한 태양을 막아주기에 숲에 들어가 있으면 훨씬 시원한 느낌을 받을 수 있다는 것이다. 실제로 그늘 안쪽은 여름 내내 평균 15도 정도로 온도가 유지된다는 이야기도 있다. 서어나무 그늘이 워낙 시원하다 보니 한여름이면 논밭에서 일하던 마을 주민에게 숲은 최고의 휴식처가 된다. 그늘에 앉아 땀을 식히며 새참을 나눠 먹고 꿀 같은 낮잠을 즐기기도 한다. 마을 곁으로 지리산 둘레길 1코스가 지나가고 있어서 요즘은 길을 걷던

이들이 숲에서 쉬었다 가기도 한다.

숲의 바깥에서 보면 서어나무숲은 유독 이 마을에서 도드라져 보인다. 마치 평평한 대지 위에 볼록 솟아있는 언덕을 보는 듯한 느낌이다. 수령 200년 이상의 굵직한 서어나무 100그루가 모여 있으니 존재감 하나는 무엇과 비교해도 뒤지지 않는다. 숲의 크기가 그렇게 큰 것은 아니다. 면적은 1,600m²^{약500평} 남짓. 그 안쪽에 빙 돌아가며 덱을 깔아 놓아서 짧은 산책을 즐기도록 해 두었다. 서어나무는 근육질나무라고도 부르는데, 왜 그렇게 부르는지는 좀처럼 동의가 안 된다. 그것보다는 자작나무를 연상케 하는 회색빛 몸체가 더 눈에 들어왔다. 알고 보니 서어나무는 자작나무과. 같은 핏줄이라는 걸 은연중에 드러내고 있다.

임권택 감독의 〈춘향뎐〉을 본 사람이라면 혹시 이 숲을 기억할지도 모르겠다. 한국만의 영상미가 돋보였던 그 영화에서 춘향이가 그네를 타는 모습이 바로 이 숲에서 찍은 장면이다. 이 영화로 서어나무숲은 전국에 그 존재를 알릴 수 있었고, 남원에서도 가장 외진 자리에 앉은 이 마을에 관광객이 몰리는 계기가 됐다.

숲 정보	전북 남원 행정리 서어나무숲
주소	전북특별자치도 남원시 운봉읍 행정리 285
풍광	●●●●○
난이도	●○○○○
태그	#지리산둘레길 #서어나무 #여름쉼터

동편제 휴락 게스트하우스

조선의 도읍지 후보 열 곳을 의미하는 '십승지'. 전국에 산재한 열 곳의 도읍 후보지 가운데 하나는 지리산 자락의 동편제 마을이다. 동편제 판소리를 완성한 가왕 송흥록과 박초월 명창이 태어나기도 한 이 마을을 찾는 여행자를 위한 게스트하우스다. 말이 게스트하우스지, 어지간한 펜션이나 풀빌라 못지않은 시설을 갖추고 있다. 이 인근에서는 찾아보기 어려울 만큼 좋은 숙소다. 이곳의 또 다른 장점은 흑돼지 맛에 가장 가깝다는 버크셔K로 만든 음식을 맛볼 수 있다는 것. 여기에 더해 소시지 만들기 체험도 가능하고 버크셔K로 만든 샤퀴테리도 구입 가능하다.

주소 | 전북특별자치도 남원시 운봉읍 가산화수길 51-7
전화 | 063-625-3183

두꺼비집

독특한 상호의 어탕국수 명소다. 원래 남원 일대는 추어탕이 유명한데, 이 집은 걸쭉한 어탕국수가 주력이다. 구인월교 바로 앞에 있어서 찾기에도 어렵지 않다. 남원을 잘 아는 사람에게는 워낙 유명한 식당이다. 붕어를 비롯해 피라미 등 온갖 민물고기를 갈아서 만든다. 눈앞에 나와서도 한동안 보글거리고 있을 만큼 뚝배기에 담아 뜨겁게 끓여낸다. 알싸한 향을 더하는 제피가루는 필수. 살짝 더해 주면 국물 맛이 화하게 바뀐다. 한번 다녀오면 자꾸만 생각나는 가게다.

주소 | 전북특별자치도 남원시 인월면 인월장터로 3
전화 | 063-636-2979

안내소 앞 카페 제비

여기에 이런 곳이 있나 싶을 만큼 한편으로 세련되고 멋진 카페다. 카페라는 명칭이 붙어 있지만, 피자와 파스타가 발군이다. 젊은 부부가 운영하는 이곳은 독특한 면모가 아주 많다. 남편은 때때로 마술을 보여주기도 하고, 악기를 연주하기도 한다. 아내의 입담도 혼을 쏙 빼놓을 정도다. 그도 그럴 것이 코미디언 전유성 씨의 딸이 이곳의 주인장이기 때문이다. 잠깐 들렀다 가도 기분이 좋아지는 명소다.

주소 | 전북특별자치도 남원시 인월면 인월 2길 102
전화 | 063-636-9888

1 동편제 휴락 게스트하우스
2 두꺼비집
3 안내소 앞 카페 제비

6. 제주도

chapter 01

4·3의 아픔
그리고 원시림

조천 선흘곶자왈 동백동산

제주특별자치도 제주시 조천읍 동백로 77

제주의 깊은 곳에는 태곳적 모습을 그대로 간직한 원시림이 남아 있다. 그 속에는 근현대사의 아픈 상흔도 남아 있다.

동백꽃 없는 동백동산

곶자왈은 제주의 속살이다. 흘러내린 용암 위에서 자라난 숲이기도 하다. 제주를 좋아하는 이라면 한 번은 들어 봤을 이름일 테다. 지역 방언인 곶자왈은 두 개의 단어가 합쳐진 말이다. '곶'은 산 아래 숲이 우거진 곳, '자왈'은 나무와 덩굴 따위가 마구 엉클어진 곳을 의미한다. '밀림'의 순수 제주어라고 봐도 되겠다. 이곳을 보면 자연의 힘은 참으로 위대하다. 화산 폭발로 흘러내린 용암이 굳어지고 불모지에 불과했던 곳이 시간이 흐르며 이토록 풍성한 생명을 잉태했다. 피고 지고, 또 피고 지며 이토록 울창한 속살을 키워냈다. 짧은 생을 살고 가는 사람의 눈으로 가늠하기 어려운 조화다.

　제주에는 크게 네 군데에 곶자왈 지역이 존재한다. 서쪽인 한경-안덕, 서북쪽의 애월, 동북쪽의 조천-함덕, 그리고 동쪽의 구좌-성산이다. 여기에 총 8개의 곶자왈이 분포하고 있다. 지도상으로 보면 서쪽에서부터 제주시를 따라 북쪽을 빙 둘러있는 형상이다. 곶자왈 지대가 대부분 해발고도 200～400m 내외의 중산간에 자리하고 있는 것도 특징이다. 이번에 목적지로 정한 곳은 조천읍 선흘리의 선흘곶자왈. 이른바 동백동산이라고 부르는 곳이다.

　이름처럼 과거 이곳에는 동백나무가 많았다. 이제는 울창하게 뻗은 난대수종의 가지가 경쟁하는 사이 동백나무가 볕을 덜 쬐게 되었고, 그 결과로 동백꽃을 보기 어려워졌다. 그럼에도 숲 사이로 난 길을 걷다 보면 드문드문 동백꽃이 눈에 띈다. 명칭에 비해 그 수가 적을 뿐. 제주의 동백은 겨울이 한창일 때 꽃을 피우기 시작한다. 그 붉은 꽃을 보려고 사람들은 기꺼이 제주도로 향하는 비행기에 몸을 싣는다. 다만 하나 꼭 짚고 넘어갔으면 하는 건, 최근 대외적으

로 알려진 동백꽃 명소가 대부분 국산 동백이 아닌 일본산 애기동백이라는 점이다. 그것이 큰 문제가 될 것은 아니나, 애기동백의 조금은 더 순한 분홍빛이 갈수록 더 많아지고 강렬한 적색의 토종 동백이 점차 줄어드는 추세다. 못내 아섭다.

선흘곶자왈 입구에는 기타를 치는 돌하르방이 있다. 짓궂은 그 표정을 뒤로하고 숲으로 발길을 디딘다. 한 걸음 나아갔을 뿐인데 그 안이 어둑하게 느껴질 만큼 숲이 울창하다. 나무마다 굵은 덩굴이 엉겨 붙었다. '곶자왈'이라는 이름이 실감 나는 순간이다. 숲 안쪽으로 길이 잘 정비되어 있지만, 때때로 정신을 차리지 않으면 길을 잃기 딱 좋을 구간도 곳곳에 있다. 길을 걷는 동안은 눈을 크게 뜨고 이정표를 찾아 움직이는 게 좋다. 숲 입구의 동백동산습지센터에서 지도를 가지고 들어오는 것도 현명한 선택이다.

걸음을 옮길수록 머릿속에 떠오르는 건 캄보디아의 정글 한복판, 혹은 라오스 루앙프라방 외곽의 숲 어딘가의 풍경이다. 난대수종이 가득한 원시림은 꼭 그런 얼굴을 하고 있다. 신비로우면서도 가슴 한편으로 두려움을 자아내는 숲의 본질. 다행히 숲이 대단히 거대한 것은 아니다. 걱정할 필요는 없다. 좁은 오솔길을 따라 걷다 보면 이곳이 용암지대라는 걸 알려주는 현무암 무더기가 곳곳에서 모습을 드러낸다. 숲의 지층은 용암이 굳어져 생성한 암석으로 이루어져 있다. 그래서 비가 오면 빗물이 지하로 스며들지 않고 습지를 형성한다.

숲에 남은 생존의 흔적

이토록 다양한 수종이 번성할 수 있었던 건 이런 습지가 곳곳에 있기 때문이다. 습지는 생명을 키웠다. 선흘곶자왈을 대표하는 동백나무를 비롯해 개가시나무, 종가시나무, 구실잣밤나무, 황칠나무 같은 나무가 습지의 젖줄을 물고 이곳의 터줏대감이 되었다. 그 아래

로 순채, 통발, 남흑삼릉 같은 귀한 습지식물과 밭풀고사리, 제주고사리삼, 홍지네고사리 같은 양치식물이 어울려 자란다.

물이 있고 우거진 숲이 있다는 건 사람이 살 수 있는 좋은 조건이기도 하다. 오래전부터 선흘리 인근의 주민은 이 숲에서 나무를 구해 살 터전을 만들고, 숲속의 습지에서 물을 길어 밥을 지었다. 이곳을 대표하는 습지인 먼물깍은 인간이 숲에 깃들어 연명했음을 보여주는 대표적인 흔적이다. 언뜻 보면 자연 그대로의 모습인 듯싶지만, 찬찬히 둘러보면 곳곳에서 오래된 사람의 손길이 보인다.

한편으로는 이 숲에 아픈 기억도 남았다. 1948년 4월 3일의 대규모 학살. 미 군정과 극우 무장단체인 서북청년단은 '빨갱이 사냥'을 명목으로 학살을 자행했다. 남한 단독정부 수립을 반대한다는 명목으로 남로당 제주도당이 민중봉기를 일으킨 것인데, 어처구니없게도 이를 진압하겠다는 토벌대는 무차별하게 총칼을 휘둘렀다. 그 칼부림은 1만 명의 죽음으로 이어졌다. 봉기에 관여한 무장대는 무장대대로, 토벌대는 토벌대대로. 서로서로 죽이는 피의 복수가 거듭되는 사이, 부표처럼 이리저리 휩쓸려가던 애꿎은 민간인의 피해는 막심했다. 선택의 여지는 많지 않았다. 죽음의 파도를 피해 사람들은 이 숲으로 숨어들었다. 살고자 숲으로 스며들었고, 행여나 걸릴까 실낱같은 생을 붙들어 버텼다. 1947년 3월 1일 발포 사건을 기점으로 1948년 4월 3일부터 시작한 학살의 시간은 무려 7년 7개월간 이어졌다. 그 오랜 시간 숨죽여 숲속에서 지낸 흔적은 지금도 곳곳에서 보인다. 현무암을 손으로 날라 낮은 담을 쌓고 벽을 쌓아 살던 그 기억의 파편을 목도하는 순간 가슴속에 묵직한 납덩이가 들어간 듯 먹먹해진다. 가만히 서서 그 자리를 보는 동안 겨울의 바람이 불어 왔지만, 숲은 끝내 침묵을 지켰다.

침묵의 이야기를 찾는 발걸음

인간의 시간을 대하는 자연의 태도는 대체로 그러하다. 그 어떤 시간의 흔적을 두고도 말이 없다. 그 자리를 바라보는 후대의 사람이 그 시간을 유추할 따름이다. 더 많은 설명을 기대할 것이 없으니 발길을 옮긴다.

오랜 시간 그 자리를 지킨 숲은 생각보다 다양한 얼굴을 하고 있다. 천천히 걸으며 유심히 살펴볼수록 보이는 게 많다는 의미다. 바람에 넘어간 나무는 좀처럼 보기 어려운 뿌리의 안쪽을 적나라하게 보여준다. 어떤 나무는 한겨울에도 푸른 생명을 몸뚱이에 휘감고 있다. 어떤 나무는 파리하게 말라버린 갈빛 생명을 몸에 이고 다음 해의 봄을 기다린다. 보는 것마다, 눈 돌리는 곳마다 아무도 들려주지 않는 이야기가 깃들어 있다. 그 이야기를 찾아 듣는 것은 그 숲속을 거니는 사람의 몫이다. 제주의 이 원시림을 자꾸만 다시 찾게 되는 건 아직 듣지 못한 이야기가 많이 남아 있기 때문이다.

숲 정보	조천 선흘곶자왈 동백동산
주소	제주특별자치도 제주시 조천읍 동백로 77
풍광	●●●●●
난이도	●●○○○
태그	#제주 #선흘리 #곶자왈 #동백없는동백숲 #원시림 #4·3사건의흔적

9.81파크

무동력 카트의 짜릿함을 만끽할 수 있는 테마파크다. 무동력 카트란 별도의 동력기관 없이 중력의 힘을 이용해서 달리는 카트를 말한다. 루지와 비슷해 보이지만, 실력에 따라 나누어진 코스를 달릴 수 있고 실제 레이싱처럼 정확한 기록을 측정할 수 있도록 했다. 따라서 경쟁하며 카트 경주를 실감나게 즐기기에 좋다. 이외에도 다양한 즐길거리를 구비해 두었다는 게 최고의 장점. 개장 이후 젊은 층과 가족단위 관광객을 중심으로 큰 인기를 얻고 있다.

주소 I 제주특별자치도 제주시 애월읍 천덕로 880-24
전화 I 1833-9810

제주901

서울대 운동생리학실에서 근무하다 미시간대에서 석사와 박사 학위를 받은 김성하 씨와 아내 최지우 씨가 운영하는 카페 겸 운동 센터다. 일상에서 쌓인 온갖 상념과 스트레스로 가득 찼다면 찾아볼 만한 치유 장소다. 덜어 내고 비워서 몸과 마음을 가볍게 만들어 주는 프로그램을 운영한다. 요가를 과학적으로 해석한 스트레칭 운동법인 메디스트레칭을 만날 수 있다. 카페에서는 유기농 재료를 이용한 음료와 디저트를 만들어 판다. 이곳의 3층 숙소에는 몸과 마음을 편안케 만들어줄 여러 요소를 더해 쉼을 찾는 사람들을 불러 모은다.

주소 I 제주특별자치도 제주시 1100로 2977-10
전화 I 0507-1402-9022

1 9.81파크
2, 3 제주 901

chapter 02

붉은 꽃비가
내리는 마을

제주 남원 신흥리 동백마을숲

제주특별자치도 서귀포시 남원읍 신흥리 1599-1

오래된 숲은 그 숲만의 분위기가 있다. 크건 작건 중요치 않다. 제주의 남동쪽, 남원읍 신흥리의 300년 된 동백마을숲이 그런 곳이다. 특유의 분위기가 매혹적인 숲이다.

마을과 함께한 300년의 역사

바닷가 마을에는 방풍림을 조성해 놓은 경우가 많다. 잠시 들렀다 가는 여행자야 바닷바람이 얼마나 세찬 존재인지 느낄 겨를이 별로 없지만, 그곳에 사는 이에게는 지긋지긋한 고난일 가능성이 크다. 방풍림을 만들어 두었다는 건, 그곳의 바람이 세다는 의미다. 국내에서 가장 큰 섬 제주도라고 다를 리 없다. 도리어 아무리 큰 섬이어도 섬은 섬이기에 육지로 벗어나지 않는 이상 바람은 일상이다. 더구나 돌, 바람, 여자가 많은 삼다三多의 섬이라지 않는가. 좋은 곳만 보고 돌아온 사람은 제주도의 바람이 얼마나 무서운지 모른다.

제주도 서귀포 남원읍의 신흥리 일대는 요즘 동백으로 꽤 이름을 알리고 있다. 동백포레스트니 동백수목원 같은 곳은 평일에도 사람이 붐빈다. 이 시기에만 만날 수 있는 꽃 무더기 아래에서 사진 한 장 남기려는 사람들이 주르륵 늘어선다. 물론 예쁘다. 선 분홍빛 동백꽃이 주렁주렁 달린 수많은 동백꽃 사이를 거니노라면 기분마저 산뜻해진다.

기왕 동백꽃을 보러 간 거라면, 그곳에서 몇백 미터만 걸어서 신흥2리를 들러보길 권한다. 여기에는 서귀포에서 가장 오래된 동백나무 방풍림이 있다. 보통 방풍림은 소나무를 심어서 조성하는 경우가 흔하다. 동백나무를 심는 건 남쪽의 섬에서 간혹 만나게 되는데, 이곳 역시 그렇다. 지나던 길에 우연히라도 여기를 찾는 이는 이 숲이 방풍림을 목적으로 조성한 곳이라는 얘기를 듣고 놀라게 된다. 그 역사가 무려 300년이 훌쩍 넘는다. 예전에는 워낙 서귀포에서 유명한 숲이었던 터라 마을의 이름도 '동백마을'이다. 그만큼

동백이 많다.

처음 동백나무 방풍림을 조성한 역사를 따져보면 무려 1706년
숙종32년으로 거슬러 올라간다. 당시 김명환이라는 인물이 이 일대에
처음 자리를 잡았다. 그는 광산 김씨 출신으로 입도 시조의 12세손
사형제 중 막내다. 처음 그가 이곳에 터를 잡았던 건 이유가 있었을
테다. 주위를 둘러보면 비교적 평평한 지형에 아래로 바다가 멀지
않고 위로 산도 멀지 않아 여러모로 생활에 필요한 것을 수급하기
쉽지 않았나 싶다. 다만 한 가지 문제가 바닷가에서 밀려 올라오는
바람이었을 텐데, 이 일대가 바다에서부터 한라산 방향으로 완만하
게 솟구치는 형태인 탓에 상승하는 바람이 만만치 않았을 법하다.
미루어 짐작건대, 이 바람을 막아줄 수만 있다면 생을 의탁하기 제
법 괜찮은 곳이라고 판단하지 않았을까. 신흥2리 일대의 역사는 그
렇게 시작했다.

숲을 대하는 인간의 자세

300년이라는 시간을 지나오는 사이에 동네의 이름은 여러 번 바뀌
었다. 마을이 생길 때까지는 표선면 토산리로 분류했지만 19세기
중반에 이르러 온천리로 분리됐고, 1914년에는 온천리, 동의리, 안
좌리, 토산리 일부를 통합해 신흥리를 구분 지었다. 신흥리는 '새롭
게 일어나라'는 뜻이다. 아마도 행정 개편 당시 이곳 주민의 마음을
담은 이름이 아닐까 싶다.

그 사이 300년이라는 시간이 흘렀다. 보통 인간의 한 세대를
30년으로 본다. 이를 기준으로 보면 무려 열 세대가 이어지는 동안
동백나무숲은 자리를 지키고 있었다. 제주도에 오래되고 멋진 숲이
많지만, 이 마을의 숲을 눈여겨볼 가치가 충분하다고 말하는 건 그
래서다.

숲을 찾아가려면 동백마을 방문자센터부터 찾는 게 순서다. 마을로 접어들면 초입에 바로 자리하고 있으니 찾기가 어렵지 않다. 이 마을은 동백과 감귤류가 주요한 부수입의 수단이다. 동백을 이용한 체험 거리도 있다. 동백기름이 그 자체로 상품이 되고, 이 기름을 이용해서 비누를 만들기도 한다. 방문자센터에 들러 숲에 관한 설명을 조금이나마 듣고 움직이면 동백숲을 이해하는 데 도움이 된다.

숲은 방문자센터 바로 앞의 사거리에서 좌측에 자리하고 있다. 숲의 규모 자체는 그리 크지 않다. 이곳의 시작이 방풍림이었다는 점을 감안하면 아마도 예전에는 훨씬 규모가 크지 않았을까 싶지만, 지금은 숲이 있었던 자리에 가옥이 들어서고 인간의 자취로 채워져 있다. 숲 안쪽으로는 가운데로 덱이 놓여 있다. 한 바퀴 돌면서 산책하도록 한 배려다. 숲 안팎으로는 300년 수령의 동백나무가 50그루 정도 남아 아직 그 생을 이어가는 중이다. 처음 방풍림의 용도로 심어둔 이 동백은 토종 동백이다. 빛깔이 새빨갛다. 꽃잎 안으로 선명하게 노란 꽃술이 달렸다. 송이송이 달린 빨간 꽃의 모습은 멀리서도 시선을 빼앗는다.

숲 안쪽보다는 바깥쪽으로 꽃송이가 더 많이 달린 것도 특이했다. 숲 안쪽이 너무 울창한 탓에 햇볕이 상대적으로 잘 드는 바깥으로 꽃이 먼저 달리고 많이 달린다. 대신 숲 안쪽에는 숲의 터줏대감 곁으로 자리 잡은 감귤류며 생달나무, 후박나무, 삼나무 같은 난대성 식물이 자란다.

천천히 숲을 거니는데, 자전거를 타고 지나던 한 무리의 여행자들이 자전거를 끌고 숲 안쪽으로 들어왔다. 그들에게도 이 숲은 그냥 지나치기 아까웠던 모양이다. 다만 덱 위를 자전거를 탄 채로 도는 모습이 눈살을 찌푸리게 했다. 바깥에 세워두고 들어와도 되었을 것을…. 씁쓸하다. 덱을 깔아 놓은 것은 숲 안으로 인간의 발을 들이지 않고 최대한 보존하겠다는 의지였을 텐데, 구태여 자전거를 타고 들어가다니. 더구나 덱 아래로 내려가 이것저것 만지고 주워 간다. 제발 그러지 말았으면. 있는 그대로의 자연을 그대로 두고 지켜주는 게 왜 중요한지, 더 많은 사람이 공감했으면 싶다.

숲 정보	제주 남원 신흥리 동백마을숲
주소	제주특별자치도 서귀포시 남원읍 신흥리 1599-1
풍광	●●●○○
난이도	●○○○○
태그	#300년동백숲 #마을의역사 #방풍림

로빙화

오지 사진 전문가인 김형욱 작가가 운영하는 수제버거 전문점이다. 원래 세화 바닷가에서 시작했다가 남원의 지금 위치로 옮겼다. 남원의 바다를 끼고 있는 데다 가게 자체도 여유롭게 꾸며 놓아 제주도 셀럽들의 사랑방으로 자리 잡았다. 이곳의 수제버거는 직접 만든 패티가 훌륭하다. 육즙이 줄줄 흐르고 육향이 진하다. 가볍게 끼니를 해결하고 여유 있게 시간을 보내고 싶다면 남원 해안가에서 고려해 볼 수 있는 최고의 선택지다.

주소 | 제주특별자치도 서귀포시 남원읍 남태해안로 13
전화 | 070-4643-7069

바람섬갤러리

제주 출신의 사진가이면서 미술가인 강길순 작가의 작업실이자 갤러리다. 강 작가는 제주에서 태어나 오롯이 제주에서만 살아온 인물이다. 그의 작업 중 10년 넘게 찍은 해녀 사진을 갤러리 한쪽에서 볼 수 있는데, 흡입력이 상당하다. 해녀라는 여성의 삶을 담는 그의 작업은 최근 조소로도 이어지고 있다. 강 작가는 이 시리즈에 깊은 바다의 울림소리를 의미하는 '절울'이라는 제주 방언을 제목으로 붙였다. 강 작가의 도슨트를 듣다 보면 바닷속으로 들어가야만 삶을 지탱할 수 있는 해녀의 숨소리가 절울과 닿아 있음을 깨닫게 된다.

주소 | 제주특별자치도 서귀포시 남원읍 공천포로 25
전화 | 010-3694-5507

범일분식

남원 일대의 현지인들이 아는 사람끼리만 다니던 작은 순댓국집이다. 오래된 간판과 외관부터 범상치 않다. 이른 아침에 문을 여는데, 조금만 지체하면 기다리는 사람이 말도 못 하게 이어진다. 점심시간이 채 지나기도 전에 재료가 떨어져 문을 닫는 날이 허다할 만큼 인기가 높다. 최근에는 소문을 듣고 찾아오는 여행자까지 더해져 한 그릇 먹기가 더 어려워졌다. 그럼에도 진한 국물과 큼지막한 대창 순대는 기다림의 수고로움을 마다하지 않을 이유가 충분하다.

주소 | 제주특별자치도 서귀포시 남원읍 태위로 658
전화 | 064-764-5069

1, 2 바람섬갤러리
3 범일분식

chapter 03

학교 안쪽
비밀의 정원

성산 온평초등학교숲

제주특별자치도 서귀포시 성산읍 일주동로 4740

교문을 들어설 때까지는 '학교 참 잘 꾸며 놨다.' 싶었다. 이내 교정을 단장하고 있는 숲으로 걸음을 옮길수록 "학교 정말 멋지다!"라는 감탄사가 튀어나왔다. 색색의 꽃이 곳곳에서 피고 지는 모습이 참 예뻤다.

해녀들이 지켜낸 동네 학교

학교의 교정이 계절마다 서로 다른 표정을 보여준다면 어떨까. 시간이 흐르고 사계절이 바뀌는 걸 온몸으로 매일 느끼는 학교라면, 늘 새로운 기분일 것만 같다. 전국을 통틀어서 이만큼 잘 정돈된 학교는 많지 않을 듯하다. 더불어 이렇게 멋진 학교숲을 만들기 위해 얼마나 많은 손길이 닿았을까 하는 궁금증이 일었다. 타박타박 발걸음을 옮기는 동안에도 숲 한쪽에서 동네 어르신들이 한창 나무를 다듬는 모습이 보였다. 아이들이 공부하고 뛰노는 학교를 가꾸는 저 손길이 있었기에 가능했겠구나 싶다. 저렇게 구석구석 정성이 깃들어 완성된 숲이었구나, 그런 생각이 밀려들었다.

온평초등학교가 개교한 건 1946년으로 거슬러 올라간다. 오랜 역사를 간직한 학교였던 것. 섬이라는 지역적 한계가 있음에도 이 일대에서 가장 중요한 교육기관이었다. 그럼에도 시간이 흐르며 시대가 변하는 건 막지 못했다. 온평리의 사람이 줄어들었고, 덩달아 학생 수도 점차 줄어만 갔다. 한때는 전교생이 99명에 달할 만큼 제법 북적였던 학교였지만, 2010년경에는 인근의 학교와 통폐합되는 상황에 이를 만큼 학생이 줄었다. 온평리의 희망이었던 온평초등학교는 그렇게 문을 닫는 게 기정사실처럼 여겨지고 있었다.

모두가 수십 년의 역사를 기억의 저편으로 보내려고 할 때쯤, 불씨가 되살아났다. 온평초등학교에서 유년 시절을 보냈던 학생이 장성해 이 학교의 교감 선생님으로 부임하면서 생각지 못했던 변화가 일었다. 이 선생님은 부임과 동시에 학교를 살려보자고 목소리를 높였다. 고작 한 사람의 힘이 뭘 바꿀 수 있을까. 모두가 고개를 가로저었지만, 그는 간절했다. 그 간절한 마음이 변화의 틈을 만들어 내기 시작했다. 마을 사람들의 마음을 하나씩 움직이더니 여러 명이 힘을 한데 모으기 시작했다. 그렇게 반전이 일어났다. 끈질긴 노력을 지치지 않고 기울인 결과, 마침내 온평리의 단합이 실현됐다.

학교 안에 숲을 조성한 건 바로 그 움직임의 일환이었다. 2005년부터 3개년 계획을 짜서 '학교숲 조성 사업'을 시작했다. 지역 주민은 물론 교직원과 학생, 졸업 동문까지 사업에 손을 보탰다. 사실 이학교는 부지가 아주 넓다. 학교에 들어가 걸어 다녀보면 초등학교치고 운동장이 크다는 걸 체감하게 된다. 뒤뜰의 크기도 운동장 못지않다. 겉에서 보이는 학교 건물만 보고 판단하면 안 될 정도 수준이다. 학교의 분위기를 바꾸기로 결심한 사람들은 7,000여m² 2,000여 평에 달하는 너른 부지를 7개의 공간으로 나눴다. 그리고 공간마다 서로 다른 주제를 부여했다. 이렇게 모두가 힘을 모아 학교에 숲을 만드는 동안 마을 해녀들은 물질로 따온 미역, 다시마, 톳 등 온갖 해산물을 팔아서 번 돈을 보탰다. 이 자금이 든든한 힘이 되었음은 물론이다. 그렇게 모두가 함께 만든 학교숲이 이제는 번듯한 모습을 하고 아이들의 놀이터가 되어 주고 있다.

학교 뒤에 숨은 비밀의 정원

스쳐 지나가면 학교의 진면목은 절대 발견할 수 없다. 심지어 성산 인근에 살고 있는 사람도 이 학교에 숲이 우거져 있다는 걸 몰랐다. '온평초등학교의 학교숲' 이야기를 들려주면 모두가 깜짝 놀란다. 온평리의 자랑이라고 해도 과언이 아닐 이 숲은 지금도 잘 알려지지 않았다. 학교 담장 밖에서도 안쪽이 잘 보이지 않는다. 담장 둘레로 심은 나무들 덕분이다. 교문을 넘어 안쪽에 발을 들이면 잔디 운동장이 눈을 시원하게 해 준다. 저쪽 담장 곁에는 초등학교라면 어

디에나 있을 법한 철봉과 정글짐 같은 놀이시설이 만들어져 있다. 그 곁에서 아이들이 선생님과 함께 줄넘기에 한창이다. 조용한 시골 마을의 다정한 풍경이다.

맞은편 학교 건물과 병설 유치원 쪽으로 시선을 돌려본다. 평범해 보이는 정원의 수종이 평범치 않다는 걸 알 수 있었다. 동백나무, 비자나무, 왜종려나무 같은 제주도에서 흔한 것부터 나사백이라 부르는 가이스카향나무, 팥배나무, 히어리 같은 낯선 이름의 나무까지. 나무를 하나씩 살피며 구경하는 재미가 쏠쏠하다. 나무는 늘 그렇듯 눈여겨볼 때 본모습을 아낌없이 보여준다. 나무를 심은 간격, 수종을 정리해서 심어 놓은 모습, 정원 하나를 살피면서 여기에 얼마나 많은 공이 들어갔는지를 느낄 수 있었다.

학교 건물을 끼고 뒤편으로 돌았다. 밖에서는 전혀 알 수 없었던 모습. 학교 운동장 주위를 둘러싼 정원과 나무는 일부에 불과했다. 온평초등학교의 숲은 이 뒤편에 본모습을 숨기고 있었다. 비밀의 정원 같은 느낌이다. 햇살이 잘 드는 쪽은 벼와 녹차밭이 자리를 차지하고 있다. 온평초등학교 학생들은 직접 벼를 재배하고 녹차를 키우는 활동을 한다고 한다. 크진 않아도 학생들이 오며 가며 관리하기에 딱 좋을 수준이다. 녹차는 다년생 식물이라 매년 관리를 해야 하는데, 상태를 보아하니 학생들이 대를 이어가며 틈나는 대로 돌보는 듯했다. 그만큼 이파리가 싱싱하고 윤기가 돈다. 학생들은 이 밭에서 딴 녹차로 직접 차를 만들어 다도 수업도 진행한다고. 도시에서는 누릴 수 없는 혜택이다.

녹차밭을 지나면 우람하게 자란 나무의 행렬이다. 한눈에 봐도 1~2년 키운 수준이 아니다. 숲 안쪽으로 들어가면 따가운 햇볕이 보이지 않을 정도로 우거져 있다. 언덕 위로는 길지 않은 산책로도 조성돼 있고 예쁜 연못도 있다. 물가에는 치렁치렁한 가지를 늘어뜨린 수양버들도 우아한 자태를 뽐낸다. 예전에는 흔하게 보던 수종인데, 참 오랜만에 만나는 모습이다. 연못에는 흰 연꽃이 점점

이 피어올라 단정한 매력을 수놓고 있다. 이 정원에는 '열운이 초록 동산'이라는 귀여운 이름이 붙었다. 학교 종이 울리고 아이들은 바삐 교실로 들어간다. 숲을 찾아온 여행자는 그 모습을 바라보며 빙그레 미소를 짓게 된다. 오래전의 내 모습이 그곳에 남아 있는 듯해서, 잃어버린 시간을 다시 만난 것만 같아서. 그렇게 제주의 오후의 시간이 흰 구름처럼 흘러가고 있었다.

숲 정보	성산 온평초등학교숲
주소	제주특별자치도 서귀포시 성산읍 일주동로 4740
풍광	●●●○○
난이도	●○○○○
태그	#학교를살린노력 #학교숲 #비밀의정원

보롬왓

제주도 방언으로 '바람이 부는 밭'이라는 뜻을 가진 베이커리 카페다. 계절마다 서로 다른 꽃이 피어나는 곳이어서 찾는 사람이 많다. 촛불 맨드라미, 핑크뮬리는 물론이고 수국이 피어날 때는 이곳의 풍광도 절정에 이른다. 온실과 함께 너른 메밀밭이 있는데, 하얀 메밀꽃이 피어나면 아스라한 감성에 휩싸인다. 온실은 겉으로 보기에 허름해 보일 수는 있지만, 실내는 굉장히 잘 꾸며 놓았다. 단순히 보여주기만 하는 곳이 아니라 제주의 먹거리를 올바르게 경작하는 곳이기도 하다. 수확한 농산물을 팔고 있으니 건강한 식문화에 관심 많은 사람이라면 방문해 보길 추천한다.

주소 | 제주 서귀포시 표선면 번영로 2350-104
전화 | 064-742-8181

옛날국수집

온평초등학교 바로 길 건너편에 있는 국숫집이다. 예닐곱 평 정도로 작은 가게를 할머니가 혼자 운영하신다. 이 집의 주력은 육전국수와 고기국수. 곱게 채 썬 당근을 올린 고기국수는 화려하지 않아도 충분히 먹음직스럽다. 약간의 김 가루와 깻가루, 얇게 썬 돼지고기가 적당히 들었다. 감칠맛이 각별해서 먹을수록 기분이 좋아진다. 창가 쪽에 직접 달걀프라이를 해 먹을 수 있도록 준비해 두었다. 푸근한 정이 느껴지는 식당이다.

주소 | 제주특별자치도 서귀포시 성산읍 온평애향로 2
전화 | 010-9404-4523

1, 2 보롬왓
3 옛날국수집

chapter 04

도시를 지키는
소나무의 성

서귀포 흙담솔 군락지

제주특별자치도 서귀포시 서홍동 308-1번지 일대

처음 얘기를 들었을 때만 해도 이런 풍광일 거라고는 상상하지 못했다. 서귀포 시내 한복판에, 이런 노거수가 줄지어 서 있다니. 바라보는 것만으로도 신비로움에 휩싸일 수밖에 없었다.

재앙이 몰려올 남쪽을 막아라

내비게이션이 목적지에 도착했다는 알림을 연신 울렸다. 도대체 여기 어디에 숲이 있다는 걸까. 적당한 높이로 고만고만하게 솟아오른 건물들, 벽마다 빼곡하게 달린 간판, 그 사이를 오가는 사람들. 흔한 지방 소도시의 풍경에 지나지 않았다. 화면에서 깜빡이는 화살표를 따라 우회전을 한순간, "이게 뭐야?"라는 소리가 절로 튀어나왔다. 거대한 소나무 수십 그루가 줄을 지어 서 있었다. 도심 한가운데에. 이렇게 생소한 경관은 처음 보는 것이었다.

사람들이 제주도를 즐겨 찾는 건 언제 어디로 가든 새로운 면모가 끊임없이 드러나기 때문이라고 했다. 실제 MBC 표준FM 〈노중훈의 여행의 맛〉에서 특집으로 설문 조사한 결과다. 여행작가들이 가장 선호하는 여행지 1위인 이유도 동일했다. 갈 때마다 동서남북이 다르고, 알려지지 않은 곳을 찾는 재미가 쏠쏠한 섬이어서 제주도는 늘 재밌다. 그런데 이건 정말 생각하지 못한 모습이다. 누가 봐도 특별한 이유가 있을 것만 같은, 분명히 깃들어 있는 이야기가 있을 듯한 풍경이다.

겉보기에 늘어선 소나무는 모두 비슷한 수령인 듯했다. 어림잡아도 백 년 이상. 아니, 그 세월마저 훌쩍 넘어선 수준이었다. 그렇지 않고서야 저렇게 굵은 몸체를 가질 수는 없는 법이다. 이름도 독특했다. '흙담솔'. 처음 듣는다. 이게 대체 무슨 품종인 걸까. 육지의 다른 곳에는 없는 제주도만의 품종인가 싶었다. 그 뜻을 알고 나서는 약간 허탈해지기도 했다. 흙담 옆으로 심은 소나무. 그래서 흙담솔이었다. 지금은 자취를 감췄지만, 이 나무 옆으로 흙담이 있었던

것이다. 사라져버린 옛 모습이 이름에 남아 있었다.

아무런 정보 없이 올 때만 해도 머릿속에서 그리던 그림은 여느 숲과 같은 모습이었다. 도심 안에 나무가 옹기종기 모여 앉은 공원을 연상케 하는 흔하디흔한 숲. 그런데 이건 소도시를 반으로 가르는 것처럼 선을 긋듯 나무가 일렬로 늘어섰다. 그 수만 해도 무려 96그루다. 엄청난 숫자다.

이 자리에 이렇게 많은 소나무가 심어지게 된 사연은 무엇일까. 그 내막을 알기 위해서는 지금은 사라진 흙담에 대한 정보부터 찾아야 했다. 1910년, 그러니까 약 110년 전의 일이다. 서귀포시 서홍동 일대는 한라산 자락의 봉우리로 둘러싸여 있었다. 이런 지형에는 재앙이 닥칠지도 모른다고 생각한 사람이 있었는데, 당시 이 마을에 살던 고경천 진사다. 그는 재앙을 막기 위해서는 흙담을 쌓아야 한다고 주장했다. 바다가 에워싸고 있는 섬은 풍수나 미신에 가까운 주장에 취약할 수밖에 없다. 이 마을은 고 진사의 말에 따라 흙담을 쌓고 둘레에 소나무를 심어 재앙에 대비하고자 했다. 여기서 의문인 것은 과연 고 진사가 예견한 재앙이 무엇이었는가 하는 점이다. 그것이 바다에서 밀려오는 해일인지, 산이 무너져 쏟아지는 산사태인지 가늠하기 어려웠다. 지금처럼 도심이 되기 이전의 사진 자료라도 보았다면 흙담의 어느 쪽에 마을이 조성되어 있었는지를 알 수 있을 테니 그 재앙의 정체를 짐작해 볼 수 있으련만, 이는 쉽지 않았다.

110년을 이어온 96그루의 비방

궁금증을 풀 힌트는 여기서 거리가 있는 곳에 세워 둔 오래된 돌판에 남아 있었다. 1970년대에 만든 것이 아닐까 싶은, 적잖은 시간의 흔적이 느껴지는 돌판이다. 여기에 정성 들여 한 자 한 자 정성스레 각인한 마을의 사연이 담겼다. 거기에 적힌 바에 따르자면, 서홍동 일대에 마을이 생긴 건 고려 초의 일이다. 생각보다 역사가 깊은 마을이었다. 여기에 현청이 설치된 것은 1300년경이었고, 마을을 중심으로 제주도 남부의 머나먼 곳까지 육지의 문물이 흘러들었다. 문제는 마을의 자리. 산으로 둘러싸인 지형은 흡사 화로와도 같은 형국이었다. 그래서 옛 어른들은 이 마을을 홍로烘爐라 불렀다. 화로는 남쪽이 허하다. 정확히는 알기 어렵지만, 남쪽의 바다로 향하는 길목이 뚫려있어 화로가 제 역할을 못 한다는 의미가 아닌가 싶다. 풍수지리설에 의하면, 이런 자리는 재앙이 빈번하게 일어날 곳이다. 아, 여기서도 재앙이 무엇인지 명확하게 이야기하지 않는다. 다만 오래전에는 남쪽으로 담을 쌓고 못을 파서 물을 고이게 하여 주민들의 번영과 안녕을 기원했다는 말만 남았다. 이 문구로 추정컨대, 아마도 그 재앙이라는 것은 불과 관련한 것인 듯하다.

결국, 마을의 재앙에 관한 이야기는 1910년까지 이어지고 있었던 셈이다. 그리고 고경천 진사의 주도로 흙담을 쌓게 되었다. 아마도 당시 마을에서 가장 어른이자 박식한 인물이 고 진사였을 테다. 그는 담을 쌓은 뒤 마을 사람을 독려해 소나무도 심었다. 불길을 끄는 건, 물만 가능한 게 아니다. 때로는 흙으로 덮어 잠재우기도 한다. 소나무를 심은 건 남쪽에서 거세게 밀려오는 불길을 막기 위함이 아니었을까. 이런 정도로 생각이 미치니 이곳에 흙담을 쌓은 이유가 얼핏 이해가 되는 것 같기도 하다. 하늘 높은 줄 모르고 솟은 나무를 바라보며 생각의 고리를 이어갔다. 도대체 저 나무는 높이가 얼마나 될까? 10m? 아니, 그 이상인 것 같다. 둘레며 높이며 정확히 재보지 않고는 가늠조차 안 된다.

나무가 심어진 이래 어떤 일이 있었는지는 모르겠지만, 지금의 서홍동은 무탈하다. 평온하고 아름답다. 어떤 변고가 있었더라도 저 소나무들이 지켜주었을 것만 같다. 그만큼 보기만 해도 든든하다. 숲을 찾아 돌아다니면서 마을숲이라 부르는 형태를 여럿 보았다. 다양한 모습의 숲이 있었지만, 이런 숲은 여기가 유일할 거라

는 확신마저 차올랐다. 웅장하기도 하고 기괴해 보이기까지 한, 그러나 경외로운 느낌을 자아내는 숲이다. 보면 볼수록 감탄이 나온다. 110년을 이어오는 동안 저 나무들은 얼마나 많은 인간의 희로애락을 지켜봤을까. 사람은 나고 자라고 사라지길 반복하는 그 긴 시간 동안 저 숲은 사라져버린 시간의 순간순간을 보고 담아두었을 것이다. 저 숲의 위엄이, 그리고 그것마저 이 땅에 터를 잡고 산 사람의 흔적이라는 것이, 참으로 경이롭다.

숲 정보	서귀포 흙담솔 군락지
주소	제주특별자치도 서귀포시 서홍동 308-1번지 일대
풍광	●●●●●
난이도	●○○○○
태그	#비방 #110년의역사 #마을숲

에어그라운드

캠핑용 카라반의 최고를 꼽자면 단연 미국의 에어스트림이다. 오래된 에어스트림 카라반에서 바다를 바라보며 하룻밤을 보내는 캠핑을 꿈꾼다면 이곳이 제격이다. 최고 30년 이상의 역사를 가진 카라반이 한자리에 모여 있다. 빈티지 카라반의 매력을 온전히 느낄 수 있다. 레트로한 느낌은 살리되 시설은 잘 조성해 놓았다. 태평양을 마주하고 있는 남원의 바다가 바로 앞에서 펼쳐지고 마당에는 푸른 잔디가 아름답다.

주소 ㅣ 제주특별자치도 서귀포시 남원읍 남태해안로 439
전화 ㅣ 010-9858-4433

잠녀숨비소리

해녀 옷을 입고 해녀 체험을 할 수 있는 법환포구의 체험센터지만 정작 해녀가 운영하는 식당으로 더 유명한 곳이다. 직접 따온 것으로만 만드는 전복죽과 성게국수가 이곳의 시그니처 메뉴. 이외에도 해물파전이니 해삼, 문어회 따위를 취급한다. 가격도 부담스럽지 않은 선이다. 요리와 운영은 해녀 할머니들이 당번을 정해서 돌아가며 한다. 특별할 게 없어 보이는 성게국수는 육수의 짭조름한 맛이 기가 막히다. 총 일곱 가지 재료로 만든다는 데 그 정체는 항상 비밀이다.

주소 ㅣ 제주특별자치도 서귀포시 최영로 10
전화 ㅣ 064-739-1232

제주올레여행자센터

한국을 대표하는 걷는 길, 올레. 원래 이 단어는 거리의 길에서 대문까지, 집으로 통하는 좁은 골목길을 일컫는 제주 방언이다. 자동차가 아닌 나의 다리로 걸어서 제주를 여행하는 이 트레킹 루트는 세계적인 명성을 떨치고 있다. 서귀포 시내에 자리한 제주올레여행자센터는 올레길 탐방의 중심지다. 길을 걷고자 하는 사람들 사이에 교류의 장이 되어 줄 뿐 아니라 저렴한 가격으로 식사를 하고, 하룻밤 의탁할 수 있는 시설을 모두 갖췄다.

주소 ㅣ 제주특별자치도 서귀포시 중정로 22
전화 ㅣ 064-762-2167

1 에어그라운드
2 잠녀숨비소리
3 제주올레여행자센터

chapter 05

빛으로
문을 여는 오름

이승악오름

제주특별자치도 서귀포시 남원읍 신례리 산2-1

제주의 숲 하면 역시 사려니숲을 생각하기 마련이다. 하지만 제주
도의 속살을 헤매다 보면 뜻밖의 풍경을 만나게 된다. 이승악오름
이 그런 곳이다. 사려니숲과 이어져 있지만 잘 알려지지 않은 원시
림. 사람의 손때가 많이 묻지 않아 아름답다.

한라산이 숨겨둔 비경

제주를 온전히 즐기려면 여름이 끝나고 가을이 다가오는 시점이 제
격이다. 관광객에 치이고 높은 물가에 치이는 시기가 지나면 한적
한 제주의 속살을 들여다볼 수 있는 여유가 생긴다. 제주도에 거주
하는 이들은 여름이 지나야 진짜 휴가를 즐긴다.

　제주도의 어딘들 아름답지 않은 곳이 있겠냐만, 그럼에도 아
직 곳곳에 숨어 있는 보물창고 같은 곳이 많다. 그런 곳을 찾을 때면
동행한 이들에게서 "제주에 이런 데가 있어?"라는 소리를 듣곤 하
는데, 대체로 오름이 그런 곳인 경우가 많다. 오름, 하면 둥글둥글한
모양새를 연상하게 된다. 사실 그런 오름은 제주도 곳곳에 산재한
360개의 오름 중 일부일 뿐, 산처럼 보이는 제주도 안의 모든 지형
이 다 오름이라고 해도 과언이 아니다. 그만큼 다양한 모습으로 존
재한다. 오름의 정체를 따져보자면 작은 화산체다. 사전에서는 한라
산 기슭에 분포한 소형 화산체라고 정의한다. 기생화산, 측화산, 화
산쇄설구, 분석구 따위의 단어가 따라붙는데, 쉽게 말하면 화산이 터
지면서 날린 용암 등의 물질이 분화구를 중심으로 쌓인 것이다.

　근래 오름을 향한 관심이 높아지면서, 오름을 찾아다니는 사
람도 적잖게 늘었다. 물론 개중에는 일반인의 발길을 허락한 곳도
있지만, 진입이 통제된 곳도 꽤 있다. 오름은 아직도 그 내면의 아름
다움을 온전히 보여주고 있지 않다. 갈 때마다 서로 다른 오름의 매
력을 만나곤 하는데, 이번 제주 여행에서 만난 이승악오름도 그랬
다. 처음 이름을 듣고 떠올렸던 이미지와는 전혀 다른 모습을 보여

준 곳이다. 현지 사람들은 이승악오름을 이승이오름, 이숙이오름이
라고도 부른다.

　　이승악오름을 알게 된 건 지인 덕분이었다. 남산리에서 게스
트하우스와 식당을 운영하는 젊은 사진작가 김병준 씨. 그는 매일
아침 6시면 손님들과 함께 이승악오름에 올라 함께 산책을 즐기고
사진을 찍어 주곤 했다. 추억을 남기는 이 독특한 아침 산책이 알음
알음 소문이 퍼지면서 이제는 아침 산책을 기대하며 찾아오는 사람
이 많았다. 이야기를 듣고 이승악오름을 찾아봤다. 그런데 아무리
찾아도 이승악오름의 정보가 잘 보이지 않았다. 있다 한들 너무나
빈약했다. 김병준 작가는 "가보면 안다. 한라산이 숨겨 두고 있는 비
경."이라는 말만 되풀이했다. 그의 곁에 앉아 와인을 홀짝이며 밤을
흘려보내는 동안 머릿속은 이승악오름에 대한 궁금증으로 가득해
져 버렸다.

원시의 향기가 주는 싱그러움

늦게 잠자리에 들었음에도 눈이 반짝 떠졌다. 아침 5시 30분. 궁금
증이 모락모락 피어올라 더 누워있을 수가 없었다. 이미 밖에는 오
름에 동행할 사람이 모여들고 있었다. 가벼운 차림새에 카메라를
챙기고 길을 나선다. 차 두 대에 10여 명이 나눠 타고 한라산을 향해
달렸다. 내비게이션의 안내 따위는 아랑곳하지 않고 마을의 골목을
따라 구불구불 질주한다. 아직은 살풋 잠이 덜 깬 마을 사이를 달리
다 보니 어느새 창밖으로 초원 지대가 펼쳐지고 있었다. 차 두 대가
간신히 지나갈 법한 작은 도로를 따라 5분가량 더 올라가니 마침내
목적지다. 게스트하우스에서 이곳까지 15분쯤 걸렸을까. 생각보다
훨씬 가까운 곳에 이승악오름이 있었다.

　　"이승악오름은 사려니숲 일부이기도 해요. 사려니숲을 가본
분은 아마 비슷한 인상을 받으실 수도 있을 거예요. 삼나무 길이 정

말 예뻐요. 특히 아침에 숲 사이로 햇살이 내려올 때 빛내림이 아름답습니다."

기대를 더 하는 김병준 작가의 설명이 끝나기 무섭게 길 앞쪽으로 걸어가던 일행이 감탄을 내뱉는다. "우와!" 길 초입부터 빛내림의 향연이다. 여기저기에서 나뭇가지를 피해 빛이 쏟아진다. 굳이 이른 아침을 택한 이유에 고개가 끄덕여지는 순간이다. 그 길을 따라 걷는 동안 원시림에 가까운 숲이 수십 년간 간직했던 매력을 마음껏 뽐내고 있었다. 사람의 때가 많이 묻지 않았기에 느낄 수 있는 싱그러움이다. 일본의 숲, 그중에서도 공들여 잘 가꿔놓은 자연 그대로의 산림에서나 느꼈던 원시적인 향기다.

길을 따라 걷는 코스는 30분이 채 걸리지 않았다. 드디어 눈앞에 거대한 삼나무가 양쪽으로 늘어섰다. 아침 산책의 절정이다. 이토록 아름다운 숲길을 걷는다는 것만으로도 이른 아침부터 서두른 대가는 충분했다. 워낙 인적이 드물고 원시림이 보존된 곳이기에 운 좋은 날은 노루를 만나기도 한다고. 아침 햇살이 쨍한 날도 좋지만, 비 오는 날에는 특유의 비 냄새에 흠뻑 젖는 감성 가득한 숲이다. 눈 내린 겨울에도 숲에 눈 쌓인 풍경이 아름다워 다시 찾게 된단다.

홀린 듯한 표정으로 숲을 걷는 사람들을 보면서 김병준 작가는 만족스러운 미소를 지었다. 그는 오랫동안 만나오던 연인에게 이곳에서 프러포즈했다고 털어놨다. 수년 동안 함께 세계를 여행하면서 생사고락을 함께한 연인이었다. 세계일주 여행에서 함께 찍은 사진을 삼나무 사이마다 걸어두고 둘만의 추억을 되새기면서, 그렇게 평생의 여정을 함께하기로 약속했다며 웃었다. 그의 표정은 충만한 행복으로 가득했고, 이토록 푸르른 숲속을 함께 걷던 모두가 '사랑'이라는 감정이 전하는 달콤함에 흠뻑 젖었다. 이제는 누구보다 사이좋은 부부가 된 그들이, 이 숲을 떠올릴 때면 자꾸만 함께 그려지면서 입가에 미소를 짓게 한다.

숲 정보	이승악오름
주소	제주특별자치도 서귀포시 남원읍 신례리 산2-1
풍광	●●●●●
난이도	●●●○○
태그	#삼나무숲 #아침산책 #빛내림

산방

성읍과 함덕에서 인기있던 칼국수 가게 장수상회의 새로운 도전이다. 장수상회는 제주도를 대표하는 재료인 보말과 감자로 만든 칼국수로 유명했던 가게다. 이제는 산방산 앞으로 자리를 옮겨 제주도의 재료가 가진 매력을 더 폭넓게 탐구하기 위한 시도를 하고 있다. 제주의 귤 껍질로 독특한 맛을 더한 고기 육수가 일품. 어디에서도 먹을 수 없는 산방면, 산방국밥, 제주소찬 등을 선보인다. 사진작가이기도 한 조성진 대표는 남모르게 파주의 보육원을 돕고 있기도 한 인물. 아이들에게 사진을 가르쳐 주면서 식당을 운영한다.

주소 | 제주특별자치도 제주시 조천읍 조함해안로 450 나동 2층
전화 | 0507-1363-4746

섬이라니좋잖아요

섬을 사랑한 청년은 20년 가까이 틈만 나면 섬을 찾았다. 그의 고향이 제주도이기 때문인지, 그는 오랫동안 섬을 여행했다. 그렇게 쌓은 기록을 바탕으로 지금은 대표적인 섬 전문 여행작가로서 이름을 알리고 있다. 본명보다 '아볼타'라는 활동명으로 더 유명한 그는 얼마 전 성읍민속마을 내 그의 고향집을 손 봐 게스트하우스를 열었다. 섬을 여행하며 수백 회에 달하는 캠핑 이력을 자랑하는 만큼 그의 게스트하우스 마당에서 사람들이 모여 캠핑을 하기도 한다.

주소 | 제주특별자치도 서귀포시 표선면 성읍민속로 149
전화 | 010-5478-5054

1 산방
2 섬이라니좋잖아요

초판 인쇄   2025년 1월 8일
초판 발행   2025년 1월 15일

지은이   정태겸
펴낸이   정고은
디자인   임지선
펴낸곳   (주)꽃길
등록번호   제2018-000024호(2017년 1월 9일)
주소   서울특별시 마포구 월드컵로 163-3, 1층
전화   02.336.8212
팩스   02.323.8212
홈페이지   www.theflowerway.com
인스타그램   @flowerway.design

© 정태겸 2025
ISBN 979-11-977666-4-0 (03980)
값 18,000원

꽃길은 다양성과 유연성을 바탕으로 각 분야 창작자들이 만들어가는 크리에이티브 스튜디오입니다.